8個
你不可不知的
環境議題

魏國彥　主編
吳依璇　陳俐陵　黃少薇　蔡佩容　編著

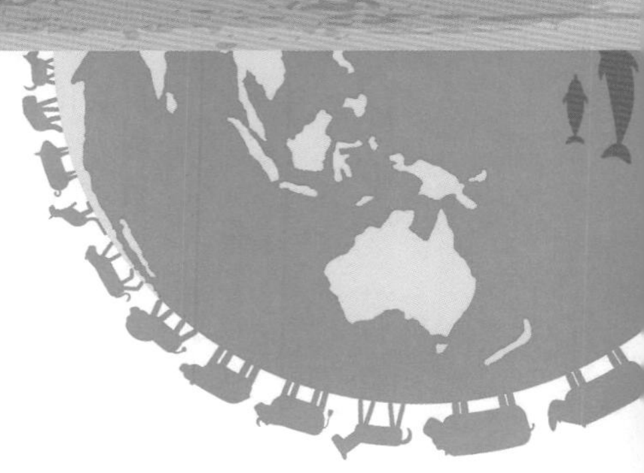

三民書局

國家圖書館出版品預行編目資料

8個你不可不知的環境議題／魏國彥主編；吳依璇,陳俐陵,黃少薇,蔡佩容編著.——初版一刷.——臺北市: 三民, 2019
面； 公分

ISBN 978-957-14-6583-8 (平裝)

1. 地球科學 2. 環境科學 3. 環境保護

350 108001264

主　編	魏國彥
編著者	吳依璇　陳俐陵　黃少薇　蔡佩容
責任編輯	顏欣愉
美術設計	林易儒
發行人	劉振強
著作財產權人	三民書局股份有限公司
發行所	三民書局股份有限公司 地址　臺北市復興北路386號 電話　(02)25006600 郵撥帳號　0009998-5
門市部	(復北店) 臺北市復興北路386號 (重南店) 臺北市重慶南路一段61號
出版日期	初版一刷　2019年2月
編　號	S 350460

行政院新聞局登記證局版臺業字第〇二〇〇號

ISBN 978-957-14-6583-8 (平裝)

http://www.sanmin.com.tw 三民網路書店

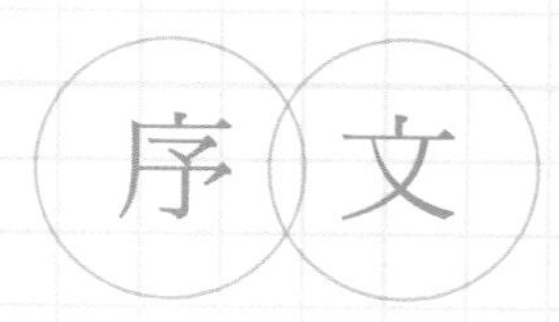

序文

多年來我常想「假若教科書像小說一樣」那該有多好！現在許多教學都用到影音多媒體，教室果真像電影院一樣，學生有歡笑的，也有看得太累而睡著的，那該多有趣啊！

雖然教科書和小說到底是不同的文類，但是也可以不要那麼枯燥，那麼一路正襟危坐，板著臉說道理。照道理說，地球科學的教育可以很活潑，很生動，很容易得到共鳴，因為地球科學的幸運之處在於：(1) 與人類的生活息息相關，地球上每天發生的事都脫離不了海洋、大氣、地殼的變動，好像天天都在上演課本教到的內容；(2) 探討的時間與空間都很遼闊。

為了讓學科知識跟生活產生更強的連結，幫助讀者認識世界重大議題，我們和海洋、多元文化、國際關係、人權議題等書串連，將這套跨領域的補充讀物命名為《世界進行式》！我們希望文字是媒介而不是障礙，能快速地浸染，廣泛地影響，愈多人愈快消化吸收愈好。我們也極度重視圖表，試著「以圖帶文」，讓讀者光看圖就能一目瞭然。

本書的編寫除了緊扣地球科學的前緣議題外，更注重整合。傳統上國中與高中的地球科學教科書會區分為天文、大氣、海洋、地質等分科，大家各自獨立，編寫的人員也來自各學門。這樣的結構的確有利於初學者，也便於教學，但是地球畢竟是一個整體，很多過程與作用都跨越上述的分科界線，甚至還要加入生物圈的參與，教科書「分而治之」僅只是為了學習方便，卻不能帶領學生綜合瞭解，也缺乏通透性的觀照，本書的選題與編寫就是想匡補這個缺憾，進而培養讀者「全面趨近、多方位思考」的洞識。我們誠摯地邀請讀者把本書作為「地球系統科學」的演練場與充電站。

「地球系統科學」牽涉至廣，內容龐雜，本書選擇了 8 個議題切入，分別是：

(1) 地震逃生祕笈

(2) 溫室氣體排放與能源選擇

(3) 決定地球未來的人類世

(4) 恐龍怎麼滅絕了？

(5) 公有地的悲劇

(6) 從搖籃到搖籃的循環經濟

(7) 蓋婭假說

(8) 物質循環，由源到匯

前四篇偏重於個案研究，後四篇則偏理論性，都帶有暗喻 (metaphor) 性質，意圖以一套通則性的觀念來觀看地球，貫穿系統。本書作者群邊寫邊學，寫完此稿，所穫甚多，野人獻曝，也就從容付梓，衷心期望各位用書人能指證謬誤，提供建議，我們將於本書再版時仔細修正，止於至善。

魏國彥　識於　臺灣大學地質科學系

8 個你不可不知的

環境議題

從一粒沙看世界
從一朵花見宇宙
將無限握在掌心
把永恆縮在一時

——英國詩人威廉‧布萊克
（William Blake，1757—1827 年）

導論

從一粒沙看世界，或反之？

文／魏國彥

大學三年級唸沉積學的時候，教授引用了英國浪漫派詩人布萊克的詩句：「從一粒沙看世界。」老師告訴我們，別小看一粒沙，當你在顯微鏡下仔細觀看它的時候，你會知道它的前世與今生。如果你讀懂它，將會看到時光從眼前流過，領略風化與侵蝕、搬運與沉積、滄海與桑田。

好神哪！恆河沙數，每一粒沙都有它的來歷與滄桑。須彌藏於芥子，這地球古老的故事就藏在一粒沙、一枚小化石、一方岩石切片裡！好好學習礦物學、岩石學、微體古生物學，你就能將無限掌握在掌心，把永恆縮在一時。

我國宋朝程顥早就有過類似的吟詠：「萬物靜觀皆自得，四時佳興與人同。道通天地有形外，思入風雲變態中。」宋明理學的「格物致知」似乎召喚著一樣的道理：觀察，仔細觀察，能格物，必致知！

20 世紀前半葉的科學方法論也沿著同樣的步驟來建構知識、見證真理：觀察→實驗→假說→驗證→定理。然而，知識的產生或生產實在是個極為複雜的議題。希臘先哲柏拉圖借泰阿泰德之口說：「我覺得一個人知道了某一事物，也就是知覺到了那一事物，而我目前所能看出來的就是：知識並不是什麼別的東西，只不過是知覺。」

第一篇與第二篇：科學知識的生活運用

對一般人而言，科學等同於知識，這些知識不只讓人坐而言，還能起而行，在生活中充滿應用性。我們編寫的這本書，似乎就在見證這樣的信念。

本書第一篇〈地震逃生祕笈〉與第二篇〈溫室氣體排放與能源選擇〉介紹的知識，對於生活在寶島臺灣的人很具現實意義。前者細數臺灣地震與海嘯的歷史、規模與災害，教導我們如何防災與避災；後者依照物理和化學原理敘說各種發電的方式，並說明過程中產生的溫室氣體多寡。我們基於電力需求以及保護地球的考量，得以搭配出最適切的發電組合。

第三篇：人類世的反思

到了第三篇〈決定地球未來的人類世〉就稍帶一點「反思」的味道了。傳統上，地球科學教導我們：地球的營力來自風霜雨雪、雷電火山；地球系統由氣圈、水圈、地圈、生物圈所組成。種種作用互相交織、迴旋往復，地球生成至今約 45 億年來始終如此。曾幾何時，現代人——這個 7、8 萬年前才登上地球舞臺的「智慧人」竟然搖身一變，成為主宰地球命運的營力之一了！何以致此？我們需要在地質年代表最頂端設置一個新的地質時代——「人類世」嗎？如果要，那要從什麼時候開始？如何與「全新世」劃分？

於是我們談到「歷史加速」、「行星邊界」等觀念，並把 1950 年代視為人類世的開端。依照目前的觀測數據預測，地表溫度在本世紀中期將上升超過 2°C；人類大量製造、使用肥料使地球系統中的氮循環與磷循環逸出自然常軌……眼看著地球已經迎來「第六次大滅絕」，人類還能存活超過 100 年嗎？人類世會不會成為地質年代表上最短暫的一個時間單元？我們要如何「永續發展」呢？

第四篇：「恐龍怎麼滅絕了」埋藏了「科學史與科學方法論」的流變

綜觀地球歷史，從寒武紀生命大爆發以來，已經歷過五次「大滅絕」，既然第六次大滅絕正步步進逼，第四篇就談談白堊紀末期的〈恐龍怎麼滅絕了？〉。古云：「**以古為鏡，可以知興替。**」我們能從上次地球生命大滅絕的故事裡得到什麼救亡圖存的教訓嗎？讀完該篇之後你將知道，即使恐龍是稱霸中生代的強勢物種，面對大規模的災難時也無能為力。當天外的彗星或小行星飛來砸到地球，或是地球上的玄武岩質火山大規模噴發，恐龍和其他的生物們都難逃一死。

將恐龍滅絕的篇章寫入本書是為了增加談助嗎？還是因為有很多讀者對恐龍的生與死著迷呢？我們的確有這個意圖，但是這篇文章埋藏著更深遠的意涵——「科學方法論」，且聽我娓娓道來。

達爾文在 1859 年發表《物種起源》時已經知道恐龍滅絕的現象了，在達爾文演化論的核心「自然淘汰 (natural selection)」理論中，物種的滅絕是必須的，是生存競爭中失敗者的必然下場，因為沒有競爭，就沒有滅絕，也沒有「進化」。當地球表面生物量滿載的時候，有一個物種進步，就有另外一個物種遭殃，因為生物界玩的是零和競爭❶的遊戲，白牙進，紅血出，只有吃或被吃、或勝出或失敗兩種結局。

新達爾文主義的極致——〈紅皇后假說〉❷說：「你必須用力地一直跑，只為了留在原地！」因為生物競爭，環境正在不斷崩壞，對每個物種而言，每分每秒都要活得戰戰兢兢，必須不斷努力、拚命向前，否則就會被淘汰、告別地球。

但是從地層紀錄中來看，繁盛多樣的恐龍似乎戛然而止，這要如何解釋呢？這成為達爾文的難題。他以「地層紀錄的不完美」來解釋，也就是地層學上說的「缺層」，意指當時英國乃至歐洲都缺了一段地層紀錄，以致沒有完整記錄到爬蟲類和哺乳類征戰的歷史。達爾文這麼寫著：「……地質紀錄是一部已經失散不全的、並且常用變化不一致的方言寫成的世界歷史；在這部歷史中，我們只有最後一卷，而且只與兩三個國家有關係。在這一卷中，又只是在這裡或那裡保存了一個短章，每頁只有寥寥幾行。慢慢變化的語言中的每個字，被錯認為突然發生的諸生物類型……」

圖 0–1　鏡中奇緣中的插畫，畫中紅皇后帶著愛麗絲狂奔。

註解

❶零和競爭：一方有所得，競爭的其他方必有所失，所有競爭者的利益總和為 0。

❷紅皇后假說：原文為“Red Queen hypothesis”，來自《愛麗絲夢遊仙境》的姐妹作《鏡中奇緣》一書，作者為 Lewis Carroll。

比達爾文稍早，英國地質學家萊爾基於地質學「古今一致論」的前提，假設地球上的一切過程都是漸進的，日積月累才造成如今看來翻天覆地的大變化。他估計中生代與新生代物種組成差異的程度，大於新生代初期與現代的差異；意指這個地層間斷的年代大於 6,400 萬年，史稱「萊爾間斷」。

達爾文將解謎的希望寄託在海洋沉積，因為海洋是所有沉積物質最終的歸宿。用現代沉積學和地形學的話來說，海洋沉積物在「侵蝕基準面」之下，理論上應可完整保留地球歷史紀錄，因此寒武紀大爆發和恐龍大滅絕的謎團都可以在海底沉積地層被挖掘、解讀後解開。

1968 年，深海鑽探計畫 (Deep-Sea Drilling Project) 開始執行，人類終於有能力到深海中鑽取連續的長岩芯來觀察與研究，初步證實了「海底擴張說」及「板塊運動學說」，確立了地球科學革命。然而，從海

圖 0–2　執行深海鑽探計畫的海洋鑽探船「葛洛瑪．挑戰者號」

底鑽探出直徑 10 公分左右的岩芯管也鑽不到什麼恐龍化石，取而代之的是海洋的微體化石。學者從屈指可數的幾個白堊紀與古新世界面的岩芯中看到明確的滅絕現象——中生代的浮游有孔蟲及鈣質超微化石突然被新生代的化石所取代。前者繁複多樣、體型大、花飾巧；後者貧瘠樸素、體型小、不起眼。踵事增華的繁榮盛世轉眼間竟成為荒涼淒清的寂寞死海！當古生物學界中研究巨型生物（恐龍）的人還沉浸在原來的解釋裡，研究小化石的科

學家已經嗅到不一樣的味道了（請參見許靖華著《大滅絕》、阿佛雷茲著《霸王龍的最後一眼》）。

1980 年，阿佛雷茲父子團隊從義大利「古比奧剖面界線」的黏土及丹麥「史帝文斯克林特 (Stevens Klint) 剖面」的「魚黏土」發現銥元素含量異常，在《科學》(*Science*) 週刊正式發表天外星體撞擊說，挑戰了均變論❸，提出生物演化中「壞運氣」的影響不亞於「壞基因」，使得整個地質—古生物學界都捲入論戰。

研究古生代以來生物種類演化與滅絕 (taxonomic evolution and extinction) 卓然有成的大衛．勞普 (David M. Raup) 在 1986 年發表了《復仇女神情事：恐龍之死與科學之道》❹一書，以「恐龍是怎麼滅絕的」為研究主題，切入了科學方法論的觀點。簡言之，科學家經常會以既定的理論或假說來觀察現象、解釋成因，難以自拔。1970 年代，地質學方法論的流行理論是「多工作假說測試 (multiple working hypotheses testing)」，鼓勵提出多個假說，利用各種觀察當作「試金石」，並挑選其中最適合的假說，千錘百鍊之後可以解釋最多現象的假說就能晉升為定理。

勞普援引卡爾．波普 (Karl Popper) 的「否證論 (falsification)」，意指科學中沒有真正能被觀察結果所驗證的任何「真理」存在，成千上萬個觀察結果並不能證明某一科學結論為真，然而單一個觀察卻可以證明某一科學結論為偽。舉例而言，太陽每天從東邊升起，科學家

註解

❸均變論：最早由地質學家詹姆斯．赫登 (James Hutton) 提出，認為從過去到現在地球上進行的地質作用都相同，只要研究目前正在進行的地質作用，就能揭露地球的歷史。

❹*The Nemesis Affair: A Story of the Death of Dinosaurs and the Ways of Science*，臺灣無譯本。

可推論地球自西向東自轉；但是假若地球在一夕之間改變自轉方向，明天早晨的太陽不再從東方升起，一次的觀察就可以推翻以往的認定。「太陽由西向東自轉」的「假說」每天都要被驗證一次，觀察和理論之間的矛盾只要發生一次就可以推翻理論，這是「經驗論」的極致。

如是觀之，所謂科學不過是「問題→猜想→反駁→問題→……」不斷重複，因而有所謂科學的「不斷革命論」。科學活動也就從歸納主義（觀察→理論→新的觀察）轉化到演繹主義（理論→觀察→新的理論）。於是卡爾 ‧ 波普留下一句名言：「我們的知識只可能是有限的，而我們的無知必然是無限的。」

否證論可套用在80年代「漸變論／達爾文主義」vs.「新災變論／外來星體撞擊說」的科學論戰中，因為發現銥元素含量異常，及相伴隨的其它證據（如撞擊坑、各種生物於短時間內大滅絕、海嘯堆積、森林大火、撞擊顆粒等），原來流行百年多的理論一夕崩潰，而新的一些猜想、推測或假說仍不絕如縷，例如「德干高原噴發說」成為新的「另類假說(alternative hypothesis)」，在科學言論市場上正被各種證據持續「否證」；尚未被否決的假說就可以暫時被接受。

地球科學界在70年代與80年代受到兩次革命洗禮，先是「板塊構造論」，後為「新災變論」，正好成為科學史學家／哲學家孔恩「科學結構革命」的當代例證。《科學革命的結構》(*The Structure of Scientific Revolutions*) 於1962年出版，1970年再版，是歷史、哲學和科學知識社會學的一個重要里程碑。孔恩在論戰的防禦及回應中坦承他的這套理論可以上溯至卡爾 ‧ 波普的科學哲學否證論。

孔恩認為科學發展中，原來的理論或假說成為一種「範式（paradigm，或譯為『典範』）」，科學家援引範式解釋其觀察與實驗結果，此一時期稱為「常態科學期」。然而，種種觀察並不能完全被該範式所解釋，經常需要對範式做些修飾或增減，導致治絲益棼，愈理愈亂，顯示原來的範式出現危機，但也成為「科學結構革命」的契機。以「地槽說」為例，透過全球各造山帶及大陸邊緣的研究，在60年代末期又增加了各類型的地槽❺，每研究一處似乎就要「量身訂做」一套地槽結構與演化歷史（也就是拉丁文所說的*ad hoc*❻）。到了70年代初期，基於海床地殼地磁異常條帶、地熱流、地形等各方面的研究，新提出的「海底擴張說」及衍生而出的「全球板塊運動」反而能放之四海皆準，簡易說明各種現象，甚而帶有「預測」的本事。70年代之後，板塊學說逐漸取代地槽說，成為地質科學的範式，完成所謂的「典範轉移(paradigm shift)」，此後這個名詞與概念被廣泛使用。隨著科學結構革命理論被利用到諸多方面，本身也成為一種「範式」，招來許多批評與否證的考驗，不僅有許多科學家以創立新的科學範式為生涯目標，許多政治人物也以典範轉移當作終身職志。

近年來，不斷有新的「小科學範式」被提出，有人樂此不疲，也有人覺得被疲勞轟炸，不堪其擾，最後便置之不理了。在種種批評與反省之後，有科學家提出「暗喻(metaphors)」可以成為探索科學真理的一種有效方式；無獨有偶，政治學者也發現，利用暗喻可以和多方人士溝通複雜的公共政策，進而成為公共政策討論與決策的工具；這些發展也在心理學領域形成新的

註解

❺地槽：呈現狹長帶狀，長可達數千公里，寬僅數十至數百公里，是地殼活動相對活躍的區域，存在豐富多樣的礦物。

❻*ad hoc*：意指為單一問題或任務設計解決方案，而該方案無法套用於其它問題。

學說，認為暗喻對於人的認知有神奇功效，抽象觀念得以被輕易理解、廣為傳播。

本書的後四篇文章都可以視作以「暗喻」為題而傳播的科學理念。這些科學「寓言」能夠讓人望文生義，產生聯想，對於模型或原本抽象的概念很快有個八九不離十的認知。

這四篇文章分別為：

(5) 公有地的悲劇

(6) 從搖籃到搖籃的循環經濟

(7) 蓋婭假說

(8) 物質循環，從源到匯

茲簡短介紹各篇如下。

第五篇：公有地的悲劇

「公有地的悲劇」係由美國生態學家哈定在《科學》週刊中提出，這個理論本身就如希臘先哲亞里斯多德所言：「**由最多人所共享的事物，卻只得到最少的照顧。**」我們舉了一個虛構的例子：雙溪谷地的公共草原上有兩個村莊來的人共同使用，所有人都有資格帶牛羊來這裡吃草。不只如此，流過村落的兩條河流也屬於公共用水，所有人都有權力到河邊取水飲用，也可以洗衣服。不可避免的是，這水草豐美之處被超限利用，竭澤而漁，青草與水源都枯竭的悲劇終究發生了；附近的城市烏托城情況也好不到哪裡去，「慈祥」的父母官釋出大量「公共財」來爭取市民支持，獲取個人的政治權力，最後也導致類似的悲劇。

然而悲劇之所以悲劇，是因為整起事件沒有真正的壞人，有的只是勤勞、追求富足與成功的許多個人。這樣的比喻宣示著：有限的資源註定會因自由利用不受限制而被過度剝削，因為每個個體都企求自身利益的最大化。反之，若將公有地私有化，個別經營者就會打算「永續利用」，因而自發性地保育資源。

個別的人相當精明，會為自身的利益作打算。在上面兩個舉例中，不論是個別的村民、市民，甚至是市長、縣太爺，都很聰明地把自身利益最大化，唯一被犧牲的是不屬於任何個人的「公共財」——牧場、河流、公園……彰顯出公共領域或公共財容易被人類濫用，最終造成環境惡化、無法永續經營的悲慘境遇。無論是一條河川的利用、一個村落的發展、一個城市的治理、全球的二氧化碳排放，甚或是海洋汙染都可以從「公有地的悲劇」得到啟發，重新思考我們的生存策略，不要犯下同樣的錯誤。

第六篇：從搖籃到搖籃的循環經濟

自工業革命以來，人類以追求經濟成長為首要目標，產品設計及製造皆以「從搖籃到墳墓 (Cradle to Grave)」的思維來進行。自然資源一經過開採就註定要踏上加工、製造、使用、拋棄、汙染的單行道，最後變成無用之物。人們注意到這條單行道最後將通往資源耗竭的困境，因此過去曾經高喊 3R (Reduce、Reuse、Recycle) 的口號，鼓勵大家資源回收再利用，但是依照現有的節能及回收策略，頂多只能延長產品的生命週期或降級使用，雖然可以減少能、資源消耗，自然資源最終還是難逃走向墳墓的結局。

因此德國化學家麥可・布朗嘉 (Michael Braungart) 開始推廣「從搖籃到搖籃 (Cradle to Cradle)」的概念，採用自然界物質循環的觀點，突破原來工業產品從搖籃到墳墓的線性模式困境，把人工產品當作永遠可以回收再利用的資源，就像大自然的生物質，可以不斷循環使用，永遠都可以「再生」。

一項產品的功能結束之時，正是另一項產品的誕生之日。當萬物都成為養分，也就不會有所謂的廢棄物，因此所有的產品的製造與使用都應該有「循環再生」的設計，走上從搖籃到搖籃的永續流程。透過從搖籃到搖籃的設計，材料與產品在生產、使用及循環的過程中，會安全地進入生物循環或工業循環這兩個系統，還原其高等品質，對人類健康和環境安全有益。本篇前段以電子廢棄物——智慧型手機為例，闡述各種元素、化合物在系統內以不同方式組合、分解再重組的相關概念與實作；後半段則以示意圖來說明循環經濟的觀念。

第七篇：蓋婭假說

蓋婭是希臘神話裡監管大地的女神，科學家洛夫拉克 (James Lovelock) 用女神的名字來稱呼我們的母親地球。這是一種擬人化的用法，重點不在於給地球另一個名字，而是強調這個特殊的行星是個活潑、有生命棲居的生態系統，她能夠自我調節，維持自己體溫的平衡穩定。

為了說明蓋婭如何運作、自我調控，洛夫拉克設計了一個「雛菊世界 (Daisy World)」，後來有人將之發展出一款電腦遊戲。雛菊世界彰顯了「蓋婭假說」的基本精神：星球系統本身因為有生物而存在一套周密耦合、運行不懈的自我調整機制，無需任何文明智慧去設計、干預。星球系統中的生物（如雛菊世界裡的雛菊）是穩定系統中不可或缺的要角，固然它們受到外在氣候條件的影響與控制，它們的自然反應卻也可以反過來影響、調節氣候。系統模擬顯示，星球上的生物並不能把星球系統調整到生物生活的最適狀態（蓋婭假說最初提出時的想法），穩定的氣候系統其實略遜於最適狀態（詳見本篇的推演）。

所謂的「自我調節」並非十全十美或固定不動，系統中各成員的互動需要一些過程與時間來磨合，若外來因素的影響太劇烈（短時間之內造成大變動），則回饋效應來不及反應，生物可能就此消亡而一蹶不振。因此，自我調節是在漸進、互動、連續的狀態下完成，是一種動態過程，隨時在尋求成員間的平衡點，並無事先可以設定的最佳狀態，而且並非保證系統千年不壞、永保平安的萬靈丹，因為生物有其生存的條件與極限。在雛菊世界中，假設陽光強度不斷增強，白色雛菊雖然可以不斷擴展生長範圍來增強反射率，但是當星球表面全部布滿單一顏色的雛菊時，也就達到自我調節的極限，離系統崩潰的日子不遠了。換句話說，生物多樣性有其必要，因為生物多樣、角色各異，才能維繫生態功能。

第八篇：物質循環，從源到匯

如果將地球視為一個封閉系統，在地球上的物質會以循環方式流動；也就是說，化學元素或分子會在各生物或物理環境之間以某種方式旅行，這種過程稱為物質循環。循環方式主要可由存放許多物質的「庫 (pool)」和「流動 (flow)」兩種概念來說明；存放物質的地方則稱作「儲存庫 (reservoirs)」，像是大氣、海洋、生物圈等。當然，各種物質也會待在我們的身體裡！每個儲存庫既可以是源，也可以是庫。本篇將會分別說明「水循環」、「氮循環」及「碳循環」，後兩者是地球系統兩個十分重要的「生地化」循環，在「人類世」中都瀕臨危境。

結語

本書的八篇文章因為性質不同，行文的風格也不盡相同，文末穿插「我思 × 我想」小段落，提供讀者讀後反思，各篇文章盡量做到各適其境，以內容決定形式。如蘇軾所說的「行於所當行，止於所不可不止。」這篇導讀也在這兒劃上句點，留待各位從本書出發，關心更多「你不可不知的環境議題」。

參考資料

- Charles Darwin (1998).《物種起源》。葉篤莊、周建人、方宗禧合譯。臺北：臺灣商務印書館。
- Garrett Hardin (1968). The tragedy of the commons. *Science*, Vol. 162, No. 3859, pp.1243–1248.
- Lewis Carrol (1871). *Through Looking Glass*, chapter 2.
- Mark J. Landau, Brian P. Meier, Michael D. Robinson, eds. (2013). *The Power of Metaphor: Examining Its Influence on Social Life*. Washington, DC: American Psychological Association.
- Mark Schlesinger and Richard R. Lau (2000). The meaning and measure of policy metaphors. *American Political Science Review*, 94 (03), pp.611–626.
- Theodore L. Brown (2003). *Making Truth: Metaphor in Science.* Urbana, IL: University of Illinois Press.
- Thomas C. Chamberlin (1965). The method of multiple working hypotheses. *Science*, Vol. 148, No. 3671, pp.754–759. 該文原本發表於 1897 年，於 1965 年再度印行於上引之《科學》週刊。
- Thomas S. Kuhn（1989 年初版，1994 年二版）。《科學革命的結構》。程樹德、傅大衛、王道遠、錢永祥合譯。臺北：遠流出版。
- Walter Alvarez (1999).《霸王龍的最後一眼》。何穎怡譯。臺北：新新聞文化出版。
- 許靖華 (1992)。《大滅絕》。任克譯。臺北：天下文化出版。
- 羅素 (1991)。《西方哲學史上冊》。臺北：五南圖書出版。

SPEED ALU
Raymarine
SIMRAD

1

地震逃生祕笈

天搖地動後，你還在發地震文嗎？

文／黃少薇

天崩地裂，我在瓦礫堆中

咦……我怎麼會在這裡？

坐在塵土飛揚的操場，喉頭苦澀，想說話卻發不出聲音。膝蓋淌著血，腦袋也沒辦法好好思考，剛剛到底發生什麼事情？

試著想站起來，雙腳卻抖個不停，完全使不上力氣。剛才和大家一起奔跑，推擠中，有些人跌倒還來不及站起來就被踩過去，發出淒厲的哀嚎聲。狀況太混亂了，不斷被人群推擠，我也只能跟著踩過，後來已聽不到對方哀叫，難不成死掉了？腦海裡一片空白，事情發生當下只想要往外跑，可是該跑到哪裡卻沒有頭緒。以前防災演習的步驟全拋到腦後，從小到大不曾經歷過這麼劇烈的晃動，連站都站不穩。這次地震晃動好久，感覺彷彿持續了一世紀那麼漫長，太不真實了。

操場和教室還在震動，老師說：「還有餘震，同學不要亂跑！」地面彷彿波浪般上下起伏，不時傳來玻璃碎裂的聲音。有些教室倒塌了，扭曲的鋼筋向空中張牙舞爪，好多人在奔跑推擠時受傷。放眼看去，幾乎每個人都在流血，摻和著泥沙，看不出受傷的程度。我們會死掉嗎？處處都是爆裂噴水的管線，瓦斯味瀰漫在空氣中，逐漸傳來校門外救護車和消防車警笛的聲音。咦！阿毛呢？一開始不是跑在我後面嗎，怎麼不見了？隔壁班導師含著眼淚正在點名，安撫逃出來的同學。不遠處崩塌的術科教室，鋼筋底下好像露出幾條腿，那些人還活著嗎？我不敢再想了……

真希望這一切只是一場夢。

與地震共存的國度

這樣的事可能會在某一天降臨嗎？也許場景不同、人物有別，但我們一生中無可避免會遇上一兩次大地震。畢竟我們賴以為生的臺灣島處於環太平洋地震帶❶，身處在這塊「活」的土地上，「地震」是這座島嶼的宿命。

臺灣每年平均可記錄到近2萬3,000次地震，其中有感地震（意即人所能夠感覺到的地震）約1,000次左右，平均每月近百次。你一定很疑惑：「真的假的？地震這麼多次，我怎麼都沒感覺？」這是因為人的感知能力不如儀器靈敏，大多時候我們都專注於其它事情，或因走動、正在搭乘交通工具而忽略了震動。

根據中央氣象局統計的災害地震資料指出，自1901至2016年這100多年間，臺灣地區曾發生102次較大災害之地震，特別是1935年4月發生的新竹—臺中地震，由於震央在苗栗縣大安溪北岸的關刀山附近，故又稱關刀山地震，其地震規

註解 ❶環太平洋地震帶：藉由數十年來的地震觀測，科學家發現地震並非隨處發生，而是集中在板塊交界處。由於板塊運動方式不同，因而產生震源深度不一的淺、中、深的地震，我們將這些好發地震的區域定義為地震帶，主要有：環太平洋地震帶、歐亞地震帶、中洋脊地震帶。其中以環太平洋地震帶的發生頻率最高（約80%），歐亞地震帶其次（約15%），其餘地震則發生在中洋脊地震帶和其它不屬於這三條地震帶的地區，如東非裂谷。

圖 1–1　「魚藤坪橋」在關刀山地震之後成了斷橋，現今是苗栗縣熱門的觀光景點。

模高達 7.1。當時民房皆為抗震力薄弱的土磚屋，因此造成 5 萬多戶房屋半倒或全倒、3,200 多人死亡、1 萬多人受傷，是臺灣有史以來傷亡最慘重的一次地震災害（圖 1–1、圖 1–2）。

圖 1–2　關刀山地震後的斷垣殘壁

地震瞬間必備的防護措施

根據許多地震倖存者的訪談資料顯示，大地震發生瞬間，大部分的人腦中一片空白、想逃走卻雙腿發軟、儘管搖晃時間不到 20 秒，卻覺得好似有 5～6 分鐘那麼漫長，以為地球要毀滅了，感覺到地底下有東西在往上頂，發出咚咚咚的巨大聲響、東西到處亂飛，周圍牆壁崩塌，只好躲到棉被裡……若問他們當時到底發生了什麼事？絕大部分人都回答：「我不知道。」或許是因為以往不曾經歷過這麼強烈的地震，搖晃程度大到超乎想像，所以一時之間才難以反應過來。

這時，平常是否落實緊急應變步驟就顯得特別重要。防護三口訣：「趴下 (drop)！掩護 (cover)！穩住 (hold on)！」常在緊張之際拋諸腦後（網路流傳的「黃金三角」是錯誤的！錯誤的！錯誤的！因為很重要所以說三遍。❷），其實因地制宜、隨機應變，以「判斷原則取代標準答案」才是最好的防災思維，比如說當地震發生時若周圍沒有堅固的桌子，就緊靠牆壁把姿勢蹲低，保護好頭頸部吧！記得也要避開玻璃窗或可能有物品掉落的牆邊！唯有把防災思維融入日常生活，讓防災成為一種深植人心的文化，才能在災難來臨時提高生存機會。率先躲到桌子底下並不丟臉，不要害怕被嘲笑喔！

註解 ❷建築物崩塌時不一定會產生「黃金三角」的避難空間，所以不該執著於尋找黃金三角。正確觀念可見：https://goo.gl/hDtnHi。

圖 1–3　防護三口訣：趴下！掩護！穩住！

震前的準備

強化防災意識

居家擺設時，盡量不要在床邊擺放可能會墜落的物品或櫃子，並避免櫃子倒下時阻擋門的開啟。要讓疏散避難成為一種自然而然的反射動作，並揣摩不同情境的應對方式：「如果現在發生地震，我正在______________，該怎麼應變？」

備妥避難包

「避難包」顧名思義就是避難用的包。每個家中成員都應該要準備一個避難包，裡頭備妥三天份的飲水與食糧，因應大規模災害發生。當地震後房屋傾頹坍塌、無法住人時，可以背上包包迅速前往避難場所，如果救援物資來不及送達，至少可以依靠包包內的物品應急，維持基本所需（圖 1–4）。

Q1：地震發生時正在洗澡，要怎麼辦？

（X）光溜溜好害羞，還是先穿衣服吧！

（O）先蹲低穩住，避免滑倒跌傷，待搖晃停止再迅速著衣避難。

Q2：逛大賣場時發生地震，要怎麼辦？

（X）當然是快速衝向出口逃生啊！

（O）要先避免被墜落物砸傷，判斷周遭情勢，蹲低身體、保護頭頸，盡量將身體損傷降到最小！

註：以上回答僅供參考，因為緊急應變措施「沒有絕對的標準答案」！若你已在出口附近，這時要注意的是防止被門片的碎玻璃割傷，而非堅持找到桌子掩護！

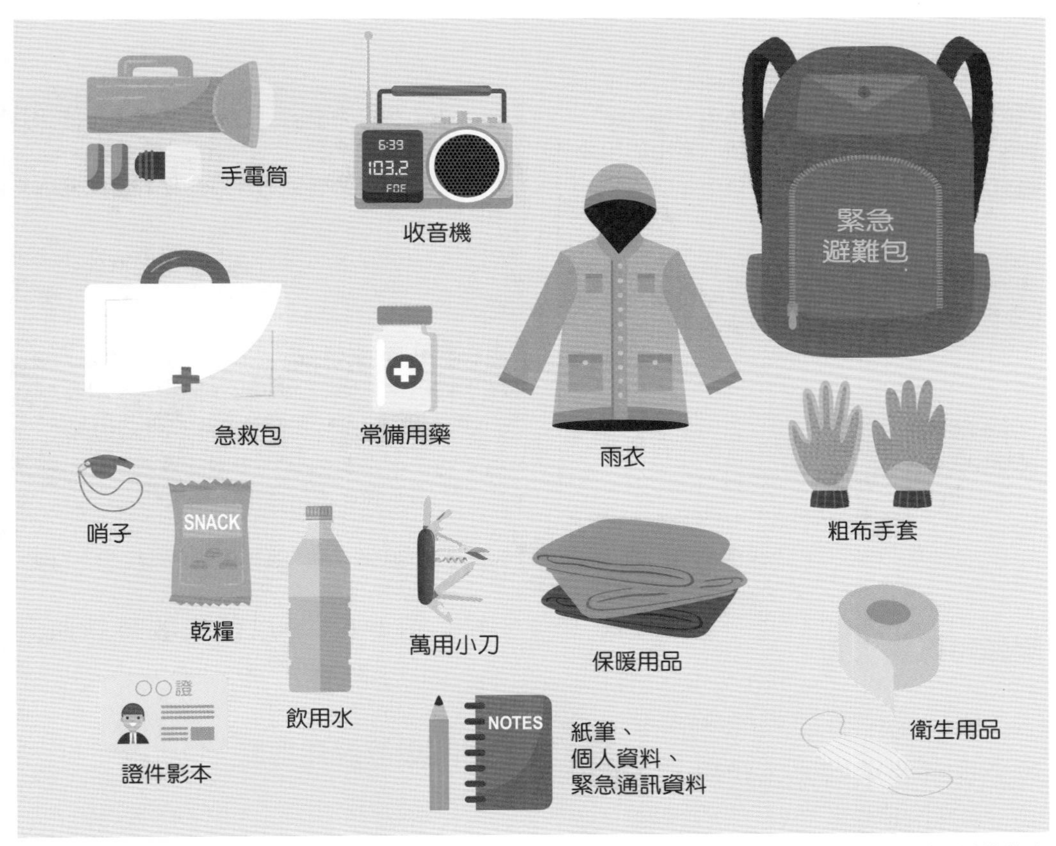

圖 1–4　避難包內常見的減災儲備物資

根據防災儲備特性，避難包內的物品又可分為三種級別：0 級「隨身攜帶」、1 級「緊急帶出」、2 級「安心儲備」（圖 1–5），分級表可參考臺灣防災產業協會網站上的「減災物品清單」❸。

註解　❸減災物品清單：https://goo.gl/V6U7rx。

0 級準備 隨身攜帶	準備的「緊急帶出」物品中，方便攜帶者可放入常用的包或口袋內隨身攜帶！	
1 級準備 緊急帶出	家裡、工作單位等每天常待的地方可準備，在突發緊急情況能立即帶出避難的小包。	受災當天逃往安全的地方時，需要帶上的最低限度備用品。 同時包括在逃難時能夠保護頭部和腳部的備用品。 可選擇放在門廳、臥室等方便拿取的地方；也可預先放在車輛後備廂。
2 級準備 安心儲備	平日儲備，即便在緊急時刻，生命線斷絕、救援沒有到來，也能自己熬過幾天。	將物品整理到容器內，放在廚房、壁櫥、車庫、儲藏室等地方，使其方便拿取、搬運。 食物等消耗品至少要準備 3 天以上的份量。 有時可能要在維生管線中斷的家裡度過受災生活，請考慮令人放心的配套用品。

圖 1–5　防災應變緊急情況的三個步驟：先做基本的 1 級準備，進階再做 0 級和 2 級準備。

照顧特殊需求者

假如家中有嬰兒或老人家，避難包裡就要準備嬰兒奶粉、常備用藥或慢性病處方箋、老花眼鏡；假如家中有女性，避難包裡可以放一些衛生棉，除了應付生理期，也可以拿來為傷口止血。此外，不只是我們需要避難，別忘了還有心愛的寵物！牠的糧食、習慣使用的外出籠、牽繩、保暖物品和檔案卡（記載晶片資料和疾病史）等都要準備好（圖 1–6），以便失散時其他人可以接手照顧。

瞭解疏散避難地點

與家人討論後制定「家庭防災計畫」，計畫內容需包含一張住宅平面圖（至少標示兩個逃生出口）、一個共同集合點（因為地震後滿目瘡痍，道路可能不再是原本模樣，所以要設定容易到達且安全的集合地點，例如附近的超商門口或公園入口等，住家附近的避難地點可查

圖 1–6　高雄市政府出版的寵物避難手冊

詢內政部消防署的「簡易疏散避難地圖」❹）。

過去重大災害發生時，家人不易彼此聯繫，無形增加政府救災的負擔，若平常就和家人討論災後的集合地點並填寫在「家庭防災卡」（圖 1–7）內，將可提高找到家人的機會。此外，最好找出一至兩位外縣市的親朋好友作為緊急聯絡人，因為災害發生時訊息零碎紛亂，需要額外的聯絡管道確認彼此平安。

防災計畫大約每半年討論並演練一次即可，不要把步驟想得太複雜而怯步，其實只要實地做過一次，演練後駕輕就熟，未來只需更換儲備食品而已！而且演練的時候剛好可以趁機檢查防災食品的保存期限，一邊開箱防災食品當作「零食 party」，一邊和家人朋友討論近期的災害新聞，是很不錯的家庭會議方式。

註解　❹簡易疏散避難地圖：https://goo.gl/wX11k1。

填寫範例

家庭防災卡

★ 緊急集合點

（地震與火災）住家外：＿＿＿＿＿＿ 社區外：＿＿＿＿＿＿

（颱洪／坡地）社區內：＿＿＿＿＿＿ 社區外：＿＿＿＿＿＿

★ 緊急聯絡人（本地）

稱謂：＿＿＿＿＿＿

手機號碼：＿＿＿＿＿＿

電話（日）：＿＿＿＿＿＿

電話（夜）：＿＿＿＿＿＿

★ 緊急聯絡人（外縣市）

稱謂：＿＿＿＿＿＿

手機號碼：＿＿＿＿＿＿

電話（日）：＿＿＿＿＿＿

電話（夜）：＿＿＿＿＿＿

★ 災民收容所

地點：＿＿＿＿＿＿

電話：＿＿＿＿＿＿

★ 1991 報平安留言平台約定電話：＿＿＿＿＿＿

約定電話為方便親友記憶使用，事先約定好的電話號碼，以家戶電話（含區域號碼）或手機號碼為佳。如為市話02-2344-XXXX，請按022344XXXX；如為行動電話0912-345-XXX，請按0912345XXX。

圖 1–7　家庭防災卡 ❺ 範例

地震災害的元兇

地震工程界有句俗諺：「**地震不殺人，但建築物會。**」地震致使人員傷亡的主因，大部分是震波破壞建築物所衍生的災難，諸如：水庫開裂、河堤決口導致洪水氾濫；土壤液化導致地基陷落、房屋崩壞；公路坍方、橋樑斷裂，造成交通阻塞、影響救援行動，此外還包括管線損害引起的瓦斯爆炸或電線走火等事故。

1923 年 9 月 1 日近中午時分，日本關東地區發生大地震。當時許多人正用爐灶煮飯，地震造成許多火災，加上水管損壞，沒有足夠的

圖 1–8　關東地震摧殘後，引發大火、死傷無數，市區呈現一片破敗景象。

水源可以救火，倒塌的木造房屋又阻塞了原本就狹小的街道，消防車和救護車根本無法通行。於是這場地震引發的大火燒了數天數夜，使東京和橫濱地區幾乎呈現毀滅狀態（圖 1–8）。此次因地震倒塌、燒毀的房屋高達 50 萬戶，死亡和行蹤不明者達 15 萬人以上。

記取此次慘痛教訓，日本政府重新規劃都市的道路幹線、建設防災避難公園、訂定嚴格的建築耐震與防燃標準，並將 9 月 1 日訂為國家防災日，自此奠定日本國家防災的基礎。日本的小學每個月會舉行一次防災演習，不單只是地震演練，亦包括海嘯和火災等複合式災害，

註解 ❺ 可洽詢住家所在地鄉鎮市區公所人員或網站、衛生福利部社會救助及社工司網站、各縣市政府社會局（處）或消防局網站取得，若所在地公所已經就災害類別區分不同避難處所，則應依災害類別填寫不同資料。

有時會事先告知，有時則無預警，因應隨時可能降臨的天災與人禍。

訊息紛亂，生離死別

訊息逐漸明朗化，新聞播報此次強震規模 7.3 以上，不久又修正為規模 7.5。為何規模變來變去？❻據說美、日各國已派遣救難隊前來支援，但傷亡人數不斷攀升；醫院湧進大量傷患，收容不堪負荷，原本收治的病人也成了災民；氣象局提醒民眾要注意餘震，不要靠近或進入傾倒的建築拿取物品；電話打不通，即使排隊撥打公共電話還是聯絡不上爸媽，等待期間非常煎熬；球場上覆起一塊塊布，陸續趕來的家屬或嚎啕或啜泣，或是紅著眼眶低頭不語；有些布掩蓋的範圍較小，從軀體輪廓看來似乎少了手腳；有些人骨折無法行走、有些人的傷口發炎紅腫……保健室的醫療用品都用完了，只好先用課本對折當夾板固定，再用瓶裝礦泉水清洗傷口。

坐在充當臨時避難所的禮堂地板上，突然想到以前無聊的時候，我和阿毛總是天南西北地亂聊，而現在阿毛卻孤伶伶地躺在球場上……

地震發生時的應變之道

1999 年的臺灣 921 地震約有 2,000 多人罹難，其中有 1/3 的民眾是因為顱骨骨折、顱內損傷、頸部骨折而死亡，因此緊急避難時，「保護最脆弱的頭頸部」是當務之急。不管在什麼場合，都有不同的危險和應對方式（圖 1–9）。若一時間找

註解 ❻ 地震規模會一再修正是因為估測和計算的方法不同，地震發生後先使用簡單快速的方法估算，當數據資料更完備後，可採取更複雜的方法反覆演算。目前中央氣象局發布的都是芮氏規模；美國地質調查所和大多數地震學者通用的則是地震矩規模。芮氏規模的計算方式有飽和的問題，也就是說，當地震太大，規模超過 8 的地震算出來都是規模 8；而地震矩規模較能詳實反映地震釋放的能量大小，可是演算耗時較長，估測地震災害的時效性較差。

地震發生的情境

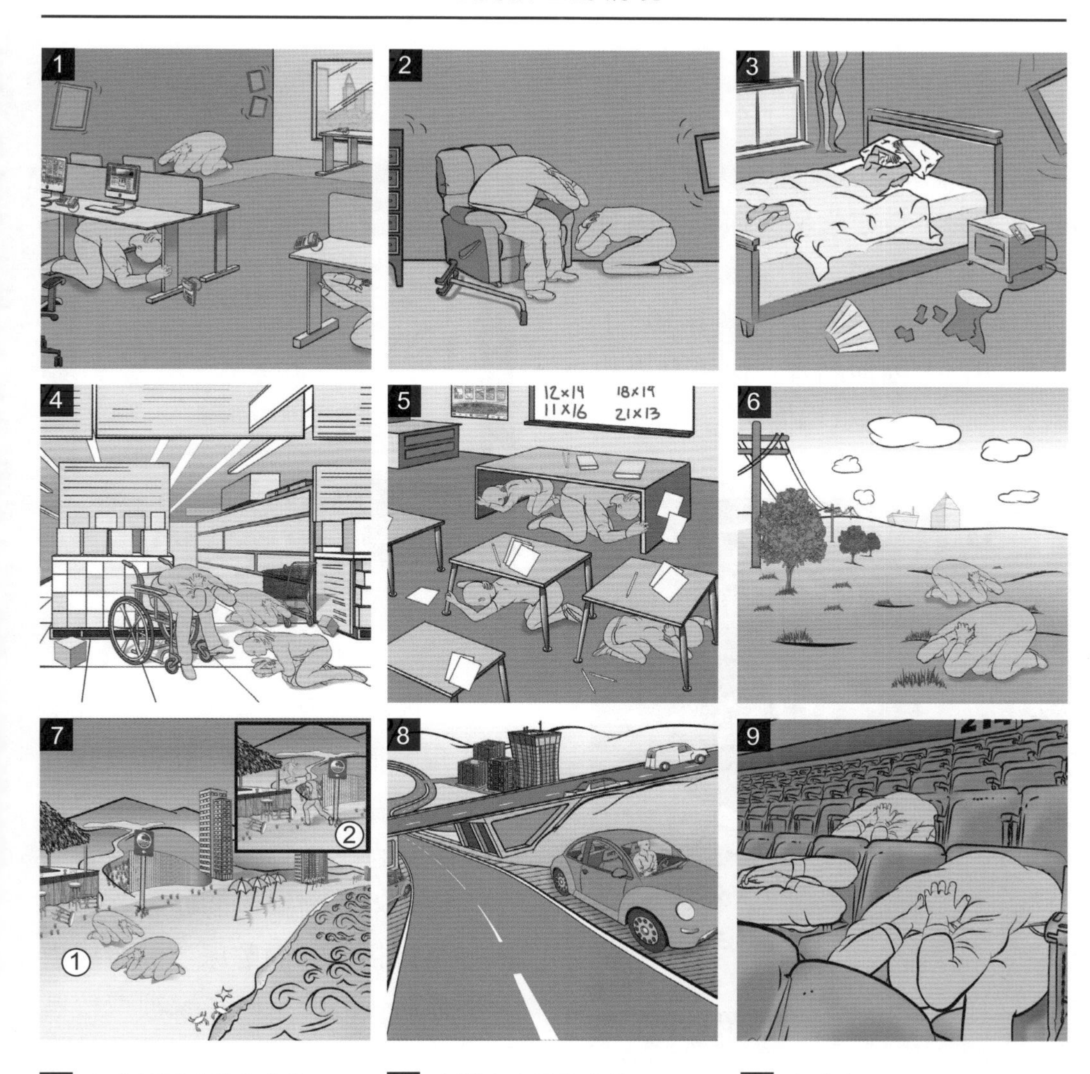

1 在高樓層或辦公室內　2 在沒有桌子的室內　3 在床上

4 在商店內　5 在教室內　6 在戶外

7 在海岸①或河岸②附近　8 在行駛的車輛中　9 在場館或電影院內

圖 1–9　在不同場合遭遇地震的應對方式

不到能遮蔽的物品，就要因地制宜，臨機應變，只要掌握大原則：盡量蜷縮、壓低身體，學習「鼠婦」縮成一坨球狀來保護自己（圖 1–10）！不管如何，因地制宜、保持警覺和觀察之心才能降低損傷。

圖 1–10　地震來臨時學習鼠婦縮成球狀，日本稱之為「西瓜蟲姿勢」。（但其實屁股不用翹太高，請想像自己是一隻蜷縮的鼠婦喔！）

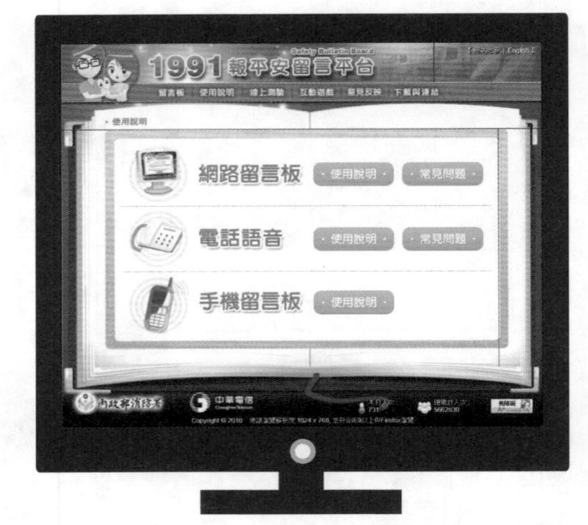

圖 1–11　1991 報平安留言平臺 ❼

災害發生後，電話常因系統損壞或壅塞而無法接通，這時「1991報平安留言平臺」（圖 1–11）可以作為聯繫的管道。

災時常伴隨缺水問題，許多災民因為抗拒惡臭而憋尿，引發尿道炎等症狀。因此平時在家裡或校區儲備簡便馬桶，或災時自製簡易廁所（可以將報紙撕碎或利用乾木屑作為尿液的吸收載體，降低臭味發散）都是可行的方式。若是避難場所有足夠的野外腹地，可以挖掘較

圖 1–12　臺北市大安森林公園內設置「爐灶座椅組」，平日為民眾休憩使用的座椅，災時可變身爐灶，供避難人員煮食之用。

深的坑洞，鋪設樹葉和乾土作為應急的廁所。另外烹飪也需要水源清潔，為了降低消耗的水量，也可以在碗盤上包覆保鮮膜，只要撕掉保鮮膜即可重複使用。各地區也設立了許多避難公園、設置防災倉庫和野炊設備，方便災時使用儲備物資和烹飪（圖 1–12）。

警報聲響，未晃先知！

以現在的科學技術來說，要「預測」地震何時何地發生仍非常困難，但我們可以透過陸地與海洋聯合布建的地震觀測網 ❽，利用電波傳播

註解

❼ 1991報平安留言平臺：https://goo.gl/3cexSV。

❽ 臺灣有七成的地震發生在周邊海域，中央氣象局為了監測東部外海地震及海嘯活動，將強震即時警報系統從陸地延伸到海底，於 2011 年委託日本 NEC 公司，建置臺灣第一套光纖海纜地震儀及海洋物理觀測系統，架設總長度 45 公里的海底電纜及海底寬頻地震儀、海嘯壓力計等多種儀器。該計畫全名為「臺灣東部海域電纜式海底地震儀及海洋物理觀測系統建置計畫」，因英文簡稱「MACHO」諧音如同「媽祖」，故又稱「媽祖計畫」。此套系統可多爭取至少 10 秒預警時間，海嘯來襲更可多 10 分鐘，讓核電廠、高鐵等重要設施有應變時間。

與震波傳遞的「時間差」爭取少許時效，達到「預警」❾ 的目的，降低生命財產的損傷。目前政府已經完成宜蘭外海約 115 公里的海纜觀測系統，並持續擴建海纜觀測系統 580 公里、新增 6 座地震海嘯觀測站，未來可以更早接收到來自臺灣東部、南部海域的地震數據，再由海底電纜以光速回傳資訊。此舉可讓臺灣針對東部、南部海域的海嘯應變時間提前 20 ～ 30 分鐘，也可提早 10 ～ 20 秒發布地震預警速報，除了幫我們爭取到寶貴的緊急應變和避難時間外，儀器記載的地震報告也將成為重要的防災、救災紀錄，未來將是優化防減災技術的利基。

自 2017 年 1 月起，氣象局透過已架設的 149 個地震測站，搭配國家地震工程中心新建的 52 個現地型地震速報主站，有感地震發生後會立即更新資料，在地震當下發送地震速報通知大家緊急避難。藉由複合式的地震速報服務可縮短預警盲區 ❿ 的時間差，讓距離震央較近、過去難以提前預警的區域，同樣可以預先收到寶貴的預警訊息（距震央 30 公里處可提供約 6 秒的預警時間）。

地震還沒停，先 PO 文再說？

依中央氣象局公布的震度標準（圖 1–13），以震度 7 級的劇震為例，震央附近地動山搖、鐵軌發生撓曲、地下管線破裂，地動加速度超過 400 gal (cm/s^2)，由於搖晃太過劇烈，人無法依自主意志行動。如果這些描述太過抽象，以下的資料或許可以幫助想像：目前強震儀 ⓫ 的「最大地動

註解
❾ 地震預警的正式官方名稱應為「強震即時警報」。地震發生當下，利用「區域型地震預警」技術，輔以「現地型地震預警系統」爭取時間，讓震央遠端的民眾可在震波來襲之前預作準備。

❿ 預警盲區：地震後進行演算的同時，地震波仍持續向外傳播，此時段震波通過的區域沒有預警時間。

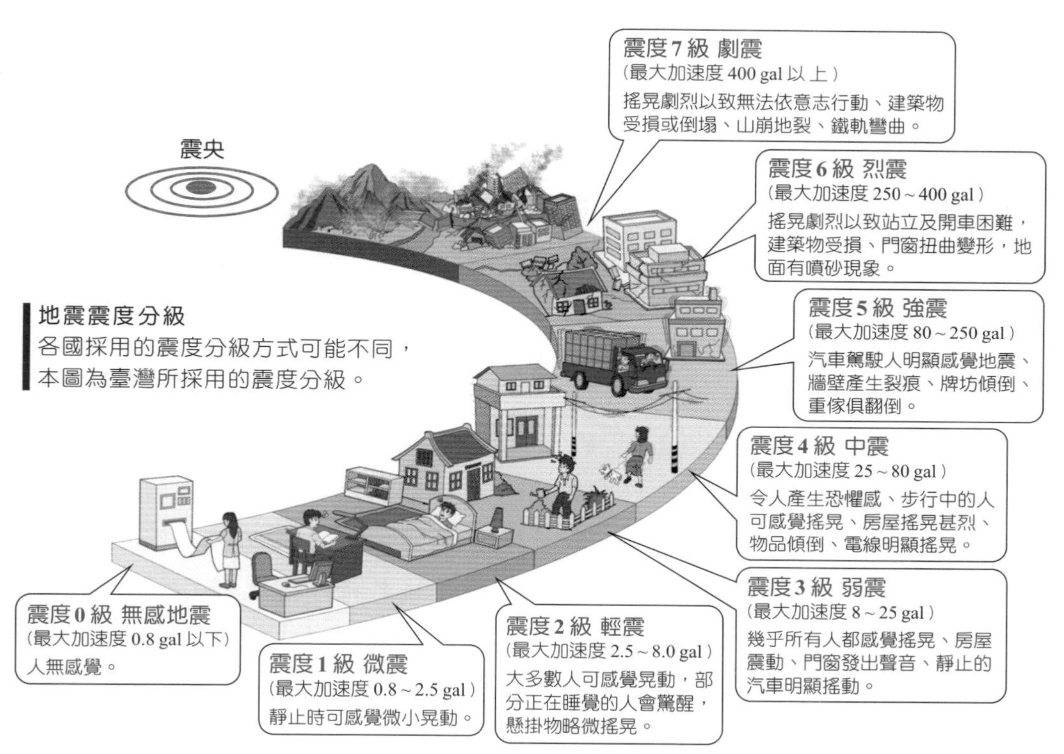

圖 1–13　臺灣採用的地震震度分級表。震度的描述可以看出人對搖晃的感受、房屋受損程度等，但無法真實反映地震釋放能量的大小。

加速度（peak ground acceleration，簡稱 PGA）」紀錄保持第一名是日月潭即時測報站於 921 地震當時測得的 989 gal，此紀錄與一個重力加速度相差無幾 ($1g = 981\ gal = 981\ cm/s^2$)。也就是說，這時地面加速移動的瞬間，就像坐「大怒神」以自由落體運動墜落那樣刺激，只不過這次是水平方向

註解 ⓫ 地震儀可以記錄地面的震動，主要有短週期地震儀、長週期地震儀、強震儀、寬頻地震儀這四種，後續更推動電纜式海底地震儀的布建。為了提升地震測報效能，氣象局自 1997 年建置強震速報系統，加裝具有即時作業能力之加速度型地震儀（強震儀），此種儀器能夠記錄地面移動從靜止加速到最高速率有多快，此即最大地動加速度，可即時將強、弱地動訊息同步傳送回中心，加強對各地震度之掌控。

的大怒神！在這種狀態下，人連站都無法站穩，更別說登入 PTT 或臉書發「地震文」⓬了。或許是因為身處地震頻仍的臺灣，大家對氣象局新聞稿中的「板塊碰撞」、「正常能量釋放」等說法早已見怪不怪，甚至成為 PTT 鄉民的鋪梗金句，但此網路現象也讓外國友人感到不可思議：「臺灣人發生地震當下竟然不是找地方掩護躲藏，而是上網發文！」

自助互助，抱持希望

聽起來狀況比想像中還糟。我已經腿軟了，好想哭、好想放棄什麼都不管了啊！

或許是看出了我的恐懼，老師在我身邊坐下，輕輕摟著我的肩膀說：「不可以放棄！不管是失去家人還是朋友，都不可以放棄活下去的希望！要拿出勇氣，一定要堅強起來。」她告訴我們，1995 年阪神大地震發生初期，僅有不到 2% 的受困民眾是由政府的救助隊救出，其他 66.8% 是靠自己與家人的力量逃出；28.1% 則是在友人及鄰居協助之下順利脫困。最後日本根據這項調查推演出「災害防救法則」，指出「自助：互助：公助」的比例是「7：2：1」，體現「自主防災」的重要性。當巨變來臨時，能否存活下來取決於自己平時的準備，還有親友的支持與互助，並非只是被動等待救援。當災難已經發生，我們無法挽回過去，可是我們可以著眼未來，繼續懷抱希望，奮勇向前。

地震後的注意事項

▲盡量徒步避難。若正好在車子行進中遇到地震，離開車子避難時不要帶走鑰匙、不要鎖車門，以便之後趕來救災的人員移動車輛，避免阻礙通行。

▲若身陷瓦礫堆，不要費力呼叫，避免口鼻吸進更多粉塵。盡量對自己精神喊話，保持清醒不要慌亂，保持體力等待救援。大自然

中的聲響大多不規律，手邊若無哨子求援時，可製造規律性的敲擊聲，方便救難人員定位。

▲通常地震後碎玻璃滿地，黑暗中不易判別逃生路線，所以可以在床邊常備照明設備和厚底拖鞋以利避難。

▲不易移動避難的特殊族群，應該優先送至適當的機構安置。如老年人可送至安全的社福機構；洗腎、插管或其他重症患者則應直接送至安全的醫療機構安置。此外有些地震倖存者可能因親眼目睹死傷慘重的悲劇或突然接獲親友的噩耗而陷入「創傷後壓力症候群（Posttraumatic Stress Disorder，簡稱 PTSD）」，需要輔導關懷。若是行有餘力，可以關心周圍的朋友，一句問候或擁抱，或許就能拯救一個接近毀滅的受傷心靈。

▲若維生管線（水、電、瓦斯、電話等）毀壞，在一片漆黑、電話不通、空氣中充滿瓦斯味、缺水的情況下，除了要注意瓦斯外洩引發中毒或爆炸、火災等危害之外，如何在一片狼藉的狀況下求生，是這個階段最大的課題。當餘震高峰期過後，若房子沒有倒塌的危險，這時家中緊急儲備的 2 級「安心儲備」防災物品便能派上用場。

▲明天先來，還是意外先來？發揮想像力去揣摩災時可能面臨的情境非常重要，需要時常練習、模擬。平時若有規劃和準備，約莫可以爭取 8 ～ 10 秒的緊急避難時間。要切記，偶爾當個「憂天的杞人」是必要的。

註解
⓬ 此乃網路用語。2015 年 1 月 17 日中午，花蓮發生芮氏規模 5.4 的地震，PTT 八卦版頓時湧入近 3 萬筆的地震文，蔚為奇談。

不管如何都要活下去

遭逢地震危害時有三個重要的避難原則，在此引用日本 311 地震引發海嘯的例子來做說明：

一、以判斷原則取代標準答案

災後調查發現，實際上的受災範圍遠大於事前所繪的災害潛勢圖，但當時所有待在潛勢區外的大人都認為自己很安全，所以並未採取疏散行動，反倒是孩子們內心沒有既定成見，覺得危險就硬拖著大人們避難，很多人因而獲救。

二、率先避難

聽到警報聲時，大多數的人會先觀察別人有沒有動作，再決定要不要避難，怕別人嘲笑自己大驚小怪；可是一旦有人開始避難，大家就會跟進。所以下次感覺到地震時，不要猶豫或上網發地震文了，趕快把握時間躲到桌子底下吧！

三、別管家人，先去避難保護好自己

利用定位記錄分析當時沿海市民逃難的軌跡，發現本來已經前往內陸高處避難的人，卻在地震發生一段時間後又折返危險的海岸，最後都遇難死亡，於是專家將這個死亡軌跡稱為「V 型軌跡」。本來可以獲救的人為什麼要重返險地呢？原來是為了趕回家拯救親人，但這樣的行為反而讓自己丟了性命。平時之所以要先跟家人討論出「家庭防災卡」中的緊急集合點，就是為了避免同樣的悲劇再次發生。當災害來臨時，父母要相信小孩自己有避難的能力，不要冒險回頭找小孩，小孩也不要為了等待父母接送而錯失避難時機。相信對方、相信自己，不管如何都要努力活下去。

先想避難，再想疏散。
先救自己，再幫他人！

—引自銘傳大學王价巨教授

我思 × 我想

1► 讀著本文的你，請發揮情境想像的能力，閉上眼睛試著想像強震發生時的場景：夜半睡夢中、通勤的交通車上、洗澡或上廁所的時候、在百貨公司或商場採買、在海邊嬉遊、看電影、在補習班的時候……發生強震當下，最在乎、最珍視的人事物也會在腦中一一浮現。該怎麼做才能增加存活機率？下次強震來襲前，我們該採取什麼樣的預防行動呢？

2► 你的家中成員有誰呢？如果每人都要準備一個避難包，你要在裡面放些什麼東西呢？請與家人討論。除了基本的飲食、維生物品外，還可以帶些什麼？緊急避難包要放在哪個位置？門口還是儲藏室？

3► 除了趴下、掩護、穩住這三個防護步驟外，請思考是否還有其他因應的避難方式？如果由你來開發防減災的產品，你會發明什麼來對應災害？為什麼？

參考資料

- Olive. Retrieved from https://sites.google.com/site/oliveinchinese/.
- Yu, Neng-Ti, Yen, Jiun-Yee, Chen, Wen-Shan,Yen, I-Chin, and Liu, Jin-Hsing (2016). Geological records of western Pacific tsunamis in northern Taiwan: AD 1867 and earlier event deposits. *Marine Geology*, Vol. 372, pp.1–16.
- 內政部消防署 1991 報平安留言平臺。檢自：https://www.1991.tw/1991_MsgBoard/index.jsp。
- 內政部消防署全球資訊網。檢自：https://www.nfa.gov.tw/cht/index.php。
- 中央氣象局。災害地震。檢自：http://www.cwb.gov.tw/V7/earthquake/damage_eq.htm。
- 中央氣象局。《地震百問》。64 頁。
- 王价巨（2018 年 2 月）。地震頻傳，做對了才能活命：一些避難的原則。環境資訊中心。檢自：https://e-info.org.tw/node/209883。
- 民生公共物聯網成果。檢自：https://www.cool3c.com/article/139462。
- 地震隨時防災小組 (2012)。《地震必備常識筆記》。臺灣東販出版，155 頁。
- 國家災害防救科技中心。防災易起來。檢自：http://easy2do.ncdr.nat.gov.tw/easy2do/。
- 顏君毅 (2017)。發現古海嘯 (Discovering paleotsunamis in Taiwan)。自然科學簡訊，第 29 卷第 1 期，22–25 頁。

2

溫室氣體排放與能源選擇

你的一票決定發展契機

文／吳依璇

能源是什麼？

在人類發展的過程中，會利用自然界的資源解決生活上的問題。當人類將自然界的資源轉化成各種不同的能量，如電能、動能、熱能等，這些可以轉成能量的資源，就稱為「能源」。

人們怎麼使用能源？

生物的生命現象（包含生長、消化等）需要消耗各種能源才能維持，其中大部分是來自食物中的化學能漸漸轉化成熱能。人類生活中也會使用各種不同的能源，像是打電動需要電能、騎車需要汽油、煮飯需要瓦斯等。目前人類使用的能源有一半以上來自化石燃料，據估計，從1850年代至今，人類已經開採超過1,350億噸的原油，這些原油多半都用在我們的交通工具、發電等用途。但是過去200年來，人類大量消耗能源已經對地球造成顯著的影響，尤其是燃燒化石燃料產生溫室氣體所引起的氣候變化愈來愈明顯。科學家們普遍認為若是繼續大量使用化石燃料作為主要能源，氣候變化造成的後續影響很有可能讓人類愈來愈難以生存。

隨之而來的問題

地球大氣層的溫室氣體主要有：二氧化碳 (CO_2)、氧化亞氮 (N_2O)、甲烷 (CH_4)、氫氟氯碳化物類 (CFCs, HFCs, HCFCs)、水蒸氣 (H_2O)、臭氧 (O_3) 等。自從工業革命以來，人類為了促進經濟發展燃燒大量化石燃料，同時釋放出大量溫室氣體，使地表輻射難以散失至外太空，導致氣溫升高，甚至改變氣候。

根據聯合國政府間氣候變化專門委員會（Intergovernmental Panel on Climate Change，簡稱 IPCC）在2007年11月正式發布的第四次評估報告內容，明確表示全球暖化源於人類行為累積的後果。氣候暖化將直接導致海平面上升，對於人類棲息地區、觀光旅遊業、漁業、臨海建築物、農業用地和溼地等造成巨大影響。為此數千萬人需要遷徙，也會造成經濟損失。氣候暖化可能造成極端天氣發生的頻率增加，如：極端溫度、洪水、旱災或火災等。另外，聖嬰現象出現的頻率和強度也可能因此增加。氣候暖化帶來的旱災使乾燥地區的供水短缺，農業生產力隨之降低；珊瑚礁則因海水溫度上升而大量白化、死亡。

為減緩人類活動排放溫室氣體造成的氣候變遷，聯合國於 1992 年通過《聯合國氣候變化綱要公約》（*United Nations Framework Convention on Climate Change*，簡稱 UNFCCC），希望將溫室氣體濃度穩定在不危害氣候的水準下，並對「人為溫室氣體 (anthropogenic greenhouse gases)」排放做出全球性管制協議。因此在 1997 年通過《京都議定書》(*Kyoto Protocol*)，協定管制的溫室氣體有：二氧化碳、甲烷、氧化亞氮、全氟化物 (PFCs)、氫氟碳化物 (HFCs) 及六氟化硫 (SF_6) 6 種，參與協議的國家可以藉由植樹造林及森林管理作為排放過量二氧化碳的補償，達成溫室氣體減量的目標。

溫室氣體減量

為了達到減少溫室氣體排放的目標，需要先瞭解排放了多少溫室氣體、是因為哪些原因排放。根據行政院環保署資料顯示，我國溫室氣體總排放量從西元 1990 年 137.85 百萬公噸二氧化碳當量❶（不包括二氧化碳移除量）上升至 2015 年 284.64 百萬公噸二氧化碳當量

註解 ❶二氧化碳當量：當量在一般化學上的定義是指在反應中提供 1 莫耳 H^+ 的重量，但是在這裡是將二氧化碳的影響當作 1 單位，用來量化其他溫室氣體對環境的影響。

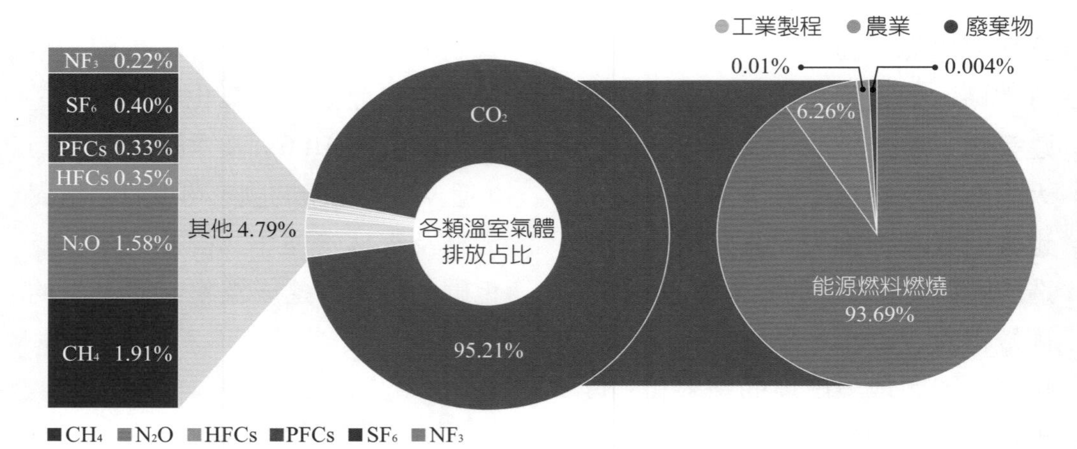

圖 2–1　我國 2015 年溫室氣體排放量占比

（不包括二氧化碳移除量），約成長 106.48%。如圖 2–1 所示，二氧化碳為溫室氣體排放最大宗，約占 95.21%，其次分別為甲烷、氧化亞氮、六氟化硫、全氟碳化物、三氟化氮 (NF_3)、氫氟碳化物。

從圖 2–1 可以發現全國排放的溫室氣體有九成以上都是二氧化碳，這九成的二氧化碳中又有九成以上是由能源燃料燃燒產生。若再觀察臺灣的電力結構（圖 2–2），會發現燃煤、燃氣、燃油產生的電量占全部發電量的一半以上，也就是說，我們排放的溫室氣體大部分是來自發電廠。表 2–1 列舉出國內二氧化碳年排放量大於 100 萬噸之排放源。

傳統上人類大多使用非再生能源，但是隨著需求增加與技術演進，許多國家正朝著改用再生能源方向前進。以下就來介紹非再生能源與再生能源。

(A) 臺電系統各能源別歷年發電量

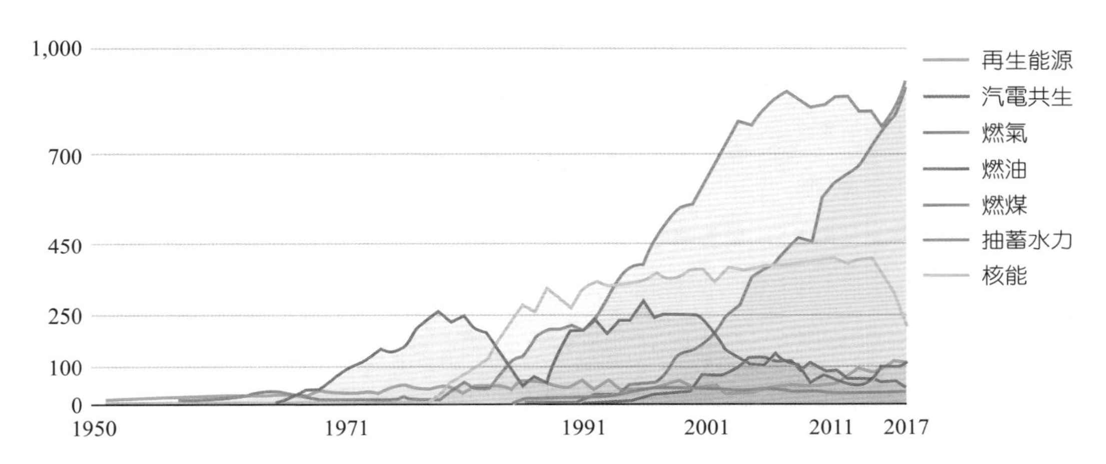

(B) 2017 年各能源別發電量

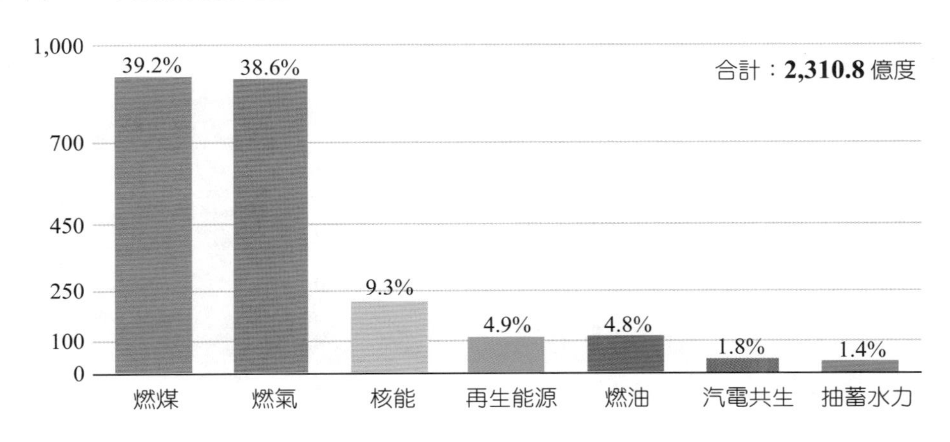

圖 2–2　2017 年各能源別發電量占比

表 2-1　二氧化碳年排放量大於 100 萬噸之排放源

排名	排放源	公司	發電量（百萬瓦・時）	排碳量（百萬噸）
1	臺中發電廠	臺灣電力公司	39.2	39.7
2	麥寮發電廠	麥寮汽電股份有限公司	32.9	29.9
3	興達發電廠	臺灣電力公司	19.5	15.2
4	和平發電廠	和平電力股份有限公司	7.2	6.2
5	林口發電廠	臺灣電力公司	3.9	4.4
6	新港石化廠	臺灣化學纖維股份有限公司	—	3.1
7	仁武石化廠	臺灣塑膠工業股份有限公司	—	3.0
8	臺塑海風廠	臺塑石化工業股份有限公司	—	2.8
9	麥寮石化廠	臺塑石化工業股份有限公司	—	2.7
10	華亞汽電	華亞汽電股份有限公司	2.0	2.6
11	深澳發電廠	臺灣電力公司	1.9	2.5
12	通霄發電廠	臺灣電力公司	7.5	2.4
13	大林發電廠	臺灣電力公司	5.5	2.0
14	臺灣化纖彰化廠	臺灣化學纖維股份有限公司	—	1.7
15	協和發電廠	臺灣電力公司	4.2	1.6
16	大潭發電廠	臺灣電力公司	4.3	1.5
17	森霸電力	臺灣汽電共生股份有限公司	4.0	1.2
18	長生電力	長生電力股份有限公司	4.0	1.2
19	尖山發電廠	臺灣塑膠工業股份有限公司	0.7	1.0

註：深澳電廠 2007 年除役。

資料來源：Carbon Monitoring for Action (CARMA, 2010)

非再生能源

非再生能源指的是短時間內無法再生的能源，會不斷消耗，像是煤炭、石油、天然氣等化石燃料與核燃料等都屬於非再生能源。這種能源支撐人類大部分的用電，但使用煤炭、石油等化石燃料會加劇溫室氣體排放；使用核燃料則有輻射外洩的危險，日本福島核電廠事故即是一例。

能源使用

煤炭

煤炭多來自地層內大量密集的碳，這些碳是由於大量植物死亡後沉積，再受到一定的溫度和壓力影響造成變質，進而形成不同含碳量的煤炭，如含碳量約 50% 的泥煤、含碳量約 70% 的褐煤、含碳量約 85% 的煙煤、含碳量約 95% 的無煙煤等。燃燒煤炭發電的過程容易產生大量的二氧化碳、二氧化硫、硫化氫和一氧化氮等汙染氣體。

石油

石油除了作為交通工具用油、發電外，柏油路、潤滑油，甚至紡織纖維、塑膠製品等也都是用石油製成。其主要形成機制為大量生物死亡後沉積，在高溫高壓的環境中發生變質，這些有機質藏在岩層裡，經由岩層裡的孔隙慢慢移棲到適合的儲存空間累積下來，久而久之慢慢形成油藏。剛從油藏裡開採出來的油稱為原油，經過分餾、處理、精煉後可製成 2,000 多種性能相異的石油產品及 3,000 多種石化製品。石油燃燒後會產生懸浮微粒，包含鉛、鎘、汞及砷重金屬氧化物、硫氧化物（SO_2 及 SO_3，合稱為 SO_x）、一氧化碳 (CO)、氮氧化物（NO 及 NO_2，合稱 NO_x）等各種汙染物。

天然氣

天然氣主要由甲烷組成，大部分來自油田以及天然氣田，也有少量出於煤層。其燃燒後大多僅產生水和二氧化碳，其它汙染氣體較少，因此對於環境影響較小，是化石燃料中較為乾淨的能源。

核能

核能是指放射性原子在鏈式裂變過程中所產生的熱能，最常用於核能發電的是鈾 235。鈾是一種銀灰色的重金屬，比鋼柔軟。在核能電廠中，鈾 235 原子一開始會受到中子撞擊，原子核因不穩定分裂成兩個較小的原子和數顆中子，這些中子接著再撞擊其他鈾 235 原子，其

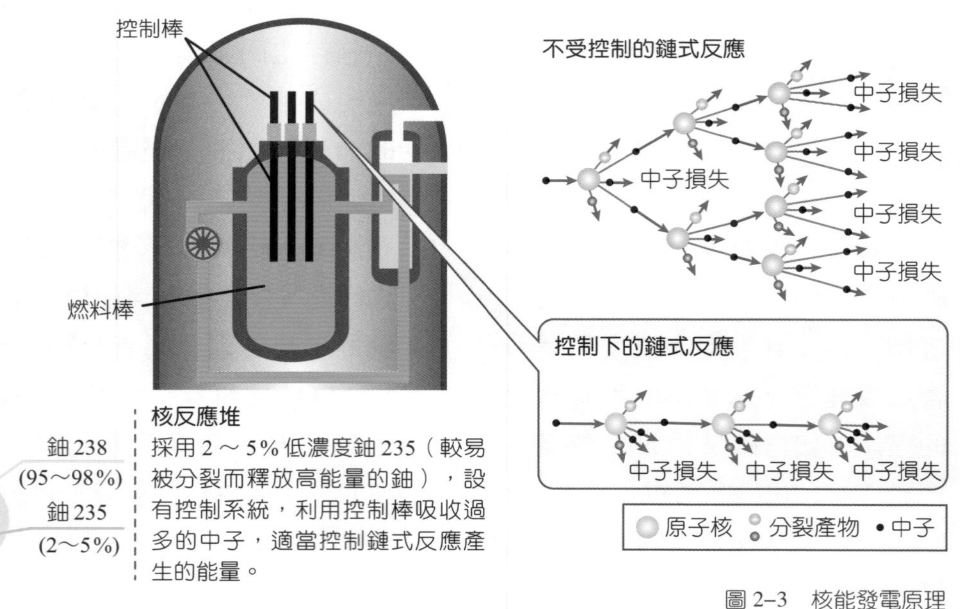

圖 2–3　核能發電原理

它鈾 235 原子再度分裂成兩個較小的原子並釋放出更多中子。這樣不斷撞擊、分裂再撞擊，形成一系列的核裂變過程，稱為「鏈式反應」。鏈式反應釋放的熱能可產生蒸氣來推動汽輪機及發電機，從而產生電力（圖 2–3）。

使用上的問題

發電廠將各種不同形式製造出來的熱能用來加熱鍋爐內的水，水受熱形成蒸氣，推動汽機使葉片旋轉，再將轉動的機械能轉換成電能（圖 2–4）。使用非再生能源發電的主要有火力發電廠和核能發電廠。

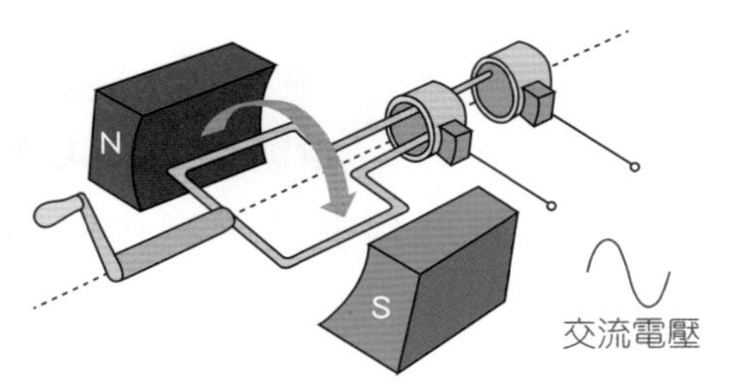

圖 2–4　發電機原理。線圈轉動的時候，線圈內的磁場通量改變，因而產生感應電流，所以才能發電。

火力發電廠

火力發電廠會將化石燃料的化學能透過燃燒反應產生熱能，推動汽機，成為轉動的機械能，再轉換成為電能（或電力）。由於建造火力發電廠的費用較其它種類發電廠低廉許多，維護成本也較低，所以火力發電一直是臺灣主要的電力來源，發電廠遍布全國（圖 2–5）。

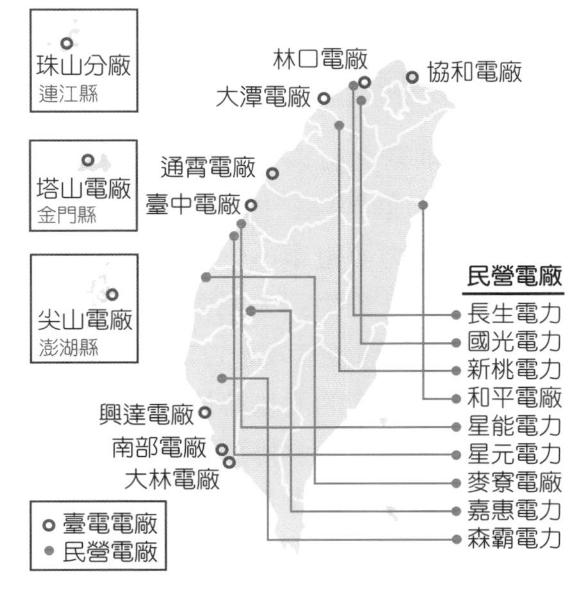

圖 2–5　火力發電廠分布圖

然而火力發電會在燃燒過程中產生許多副產物（飛灰、二氧化碳、氮氧化物、硫氧化物及粒狀物等），不僅危害人體，也會影響環境，其中溫室氣體排放量居高不下便是一大難題。有鑑於此，火力發電廠啟動空汙改善計畫，除了回收煤灰 ❷ 進行再利用，也加裝煙氣脫硫系統和連續監測煙氣排放的儀器設備，希望能有效降低空氣汙染和溫室氣體排放量以符合環保標準。

核能發電廠

目前臺灣有核二及核三廠共兩座核電廠運轉發電中 ❸（圖 2–6）。不同於火力發電廠，核能發電不會排放巨量汙染物到大氣中，也不會產生加強地球溫室效應的二氧化碳。但是核能電廠的能量轉換效率比化石燃料低，而且會排放較多廢熱。核能電廠需引進大量的水來冷卻，排出的熱水流往附近海域，造成熱汙染。此外，因為大多數民眾擔憂核能電廠會有輻射外洩的問題，也使建置核能電廠的土地不易取得。為了降低大眾對於輻射外洩的疑慮，目前核電廠使用多重防護設計（圖 2–7），以降低輻射外洩發生的機會。

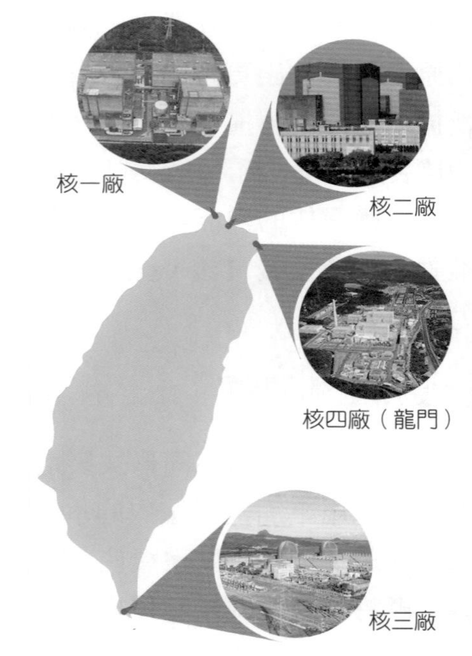

圖 2–6　核電廠分布圖

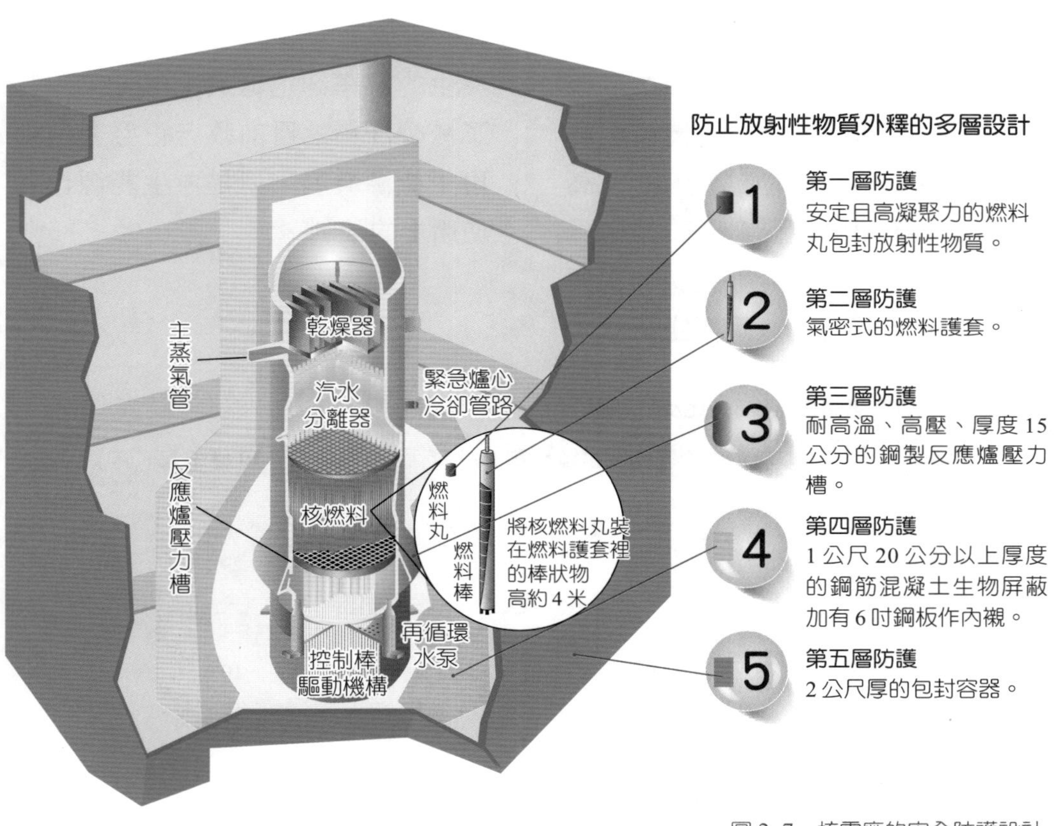

圖 2–7　核電廠的安全防護設計

註解

❷ 煤灰：以飛灰居多，可應用於環保水泥、人工骨材、生產複合肥料、陶瓷工藝、人工魚礁等產品製造。

❸ 核一電廠：於 2018 年底停機，目前尚未除役。

在臺灣核能發電占整體供電比例偏低，雖然在亞洲地區中排名較前，但是歐洲國家卻比臺灣高出許多（表 2–2）。究竟核電比例多高才算高？每個國家都有不同的想法。如此看來，使用非再生能源的主要問題還是出在溫室氣體與空氣汙染物的排放上，輻射外洩的問題雖有，發生的機率卻遠低於空氣汙染。為了減少汙染，目前政府正努力推動再生能源發展，但是再生能源也有使用上的限制。

表 2–2　2017 年各國核能發電占比及發電量

國家	核能發電占全國整體供電比例 (%)	發電量（10 億千瓦．時）
荷蘭	2.9	3.3
日本	3.6	29.1
中國	3.9	247.5
墨西哥	6.0	10.6
臺灣	9.3	21.6
德國	11.6	72.2
加拿大	14.6	96.0
美國	20.0	805.0
南韓	27.1	141.1
瑞典	39.6	63.1
法國	71.6	379.1

資料來源：世界核能協會 (World Nuclear Association)

註：1 千瓦．時 = 1 度電

再生能源

再生能源主要分為太陽能、風能、水力能、海洋能、地熱能等，現今還有生質能、氫能與燃料電池、電網級儲能等再生能源的技術開發。以臺灣為例，目前發展的再生能源發電方式有太陽能、風能、水力能、海洋能和地熱能。利用海洋能發電方式有很多種，在此僅介紹波浪發電和溫差發電。

太陽能發電

太陽能可以驅使電池內的電荷分離，藉此發電。其電池由 P 型與 N 型半導體材料接合，構成正極與負極。當陽光照射電池，其能量會使材料內的電荷分別往正、負極移

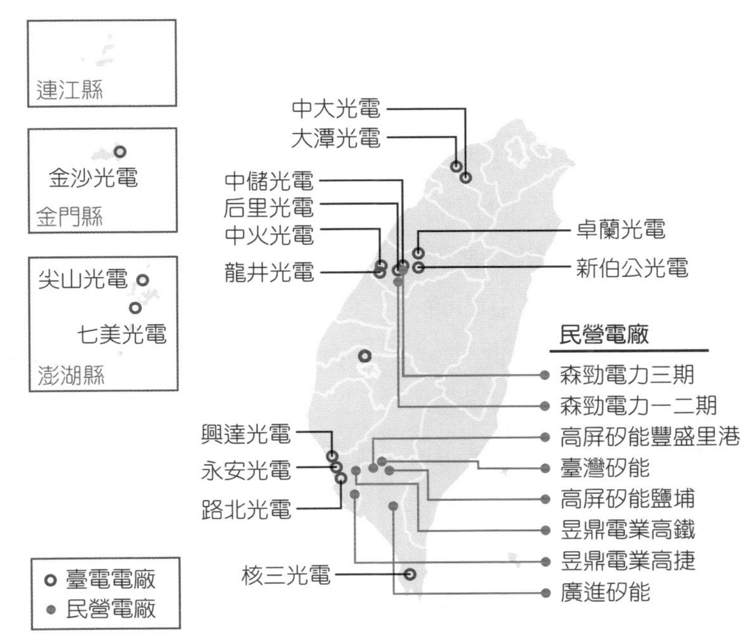

圖 2-8　臺灣的太陽能發電廠分布圖

圖 2–9　建置在陸地上和海上的風力發電機

動並聚集，這時如果將正、負極接上負載 ❹，將有電流輸出。

太陽能是相對低汙染的發電方式，但是蒐集太陽能需要大面積的土地鋪設太陽能板，且夜間、陰天或無日照時均無法使用，使用的時機和地點都有相當大的限制。此外，太陽能電池的成本很高，發電效率卻偏低，大多數電池的發電效率頂多到達 20%，而且太陽能板含有鉛、鎘等重金屬，生產過程並非零汙染，若未經處理就廢棄，釋出的重金屬也會對泥土和水源造成嚴重汙染。

風力發電

風力發電是藉由風力推動風車葉片，帶動發電機發電。目前臺灣陸域條件適合的地點大多已建置完成，如果想繼續推動風力發電，則會以離岸風電為主（圖 2–9）。

離岸風電指的是在海上建造風力發電廠，大部分位在較淺海的大陸棚上，利用風能發電。離岸風電的好處在於海上的風速比陸上高，所以能提供更多的電能，而且較不容易影響到人類的居住環境。但是

圖 2–10　臺灣發展離岸風電的機會與挑戰

在海上建造風力發電廠的成本比在陸上發電更高，建造地點也可能會影響當地生物生存。建造離岸風電需要先打樁、穩固風扇，施工過程中及開始運轉後所發出的噪音，可能會使水中生物聽力受損，像是需要利用聽覺定位的鯨豚類，可能就會在風機的噪音影響下發生空間判別錯亂的情況。建造風機時帶起的水下翻騰也會汙染海洋，許多建造用船不斷往返，鯨豚類撞擊船隻的頻率也會增加。除此之外，在臺灣發展離岸風電還有許多需要克服的挑戰（圖 2–10）。

註解 ❹負載：指連接在電路中的電源兩端的電路元件。

水力發電

水力發電則是利用河川、湖泊等位於高處的水向下流至低處，水的位能轉成輪機的動能，再推動發電機產生電能。目前臺灣的水力發電廠分布如圖 2–11 所示。

至 2016 年底止，國內水力發電的裝置容量累計已達 2,089 百萬瓦 (MW)。從圖 2–12 可以看到，西元 1945 年，臺灣主要以水力發電為主；1966 年起，火力發電裝置容量超過水力；1976 年為歷年火力發電占比最大的一年。直到 1980 年歷經石油危機，臺電公司遂開始推動核能發電，希望逐年降低火力發電的占比。

水力發電需以水壩儲水，但因水壩占據土地面積廣大，一旦儲水

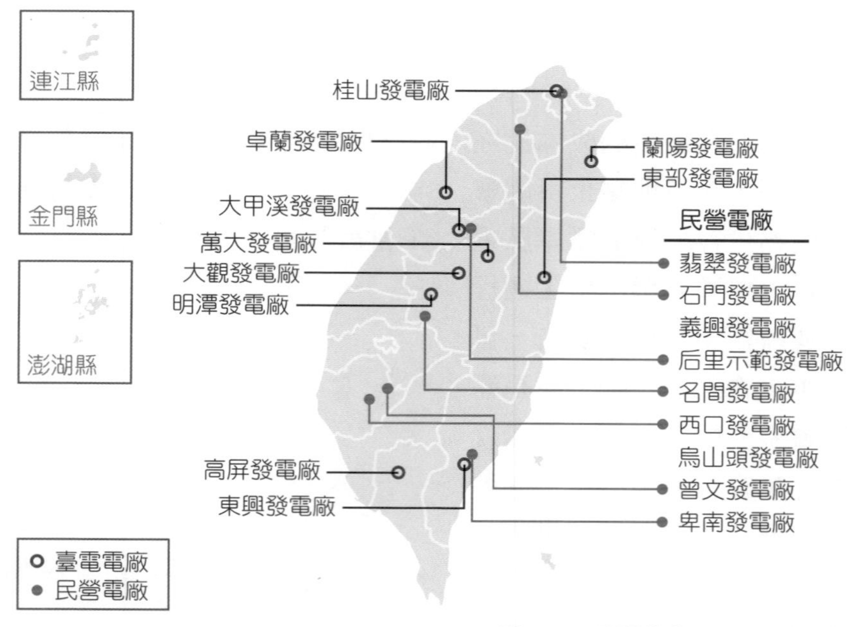

圖 2–11　臺灣的水力發電廠分布圖

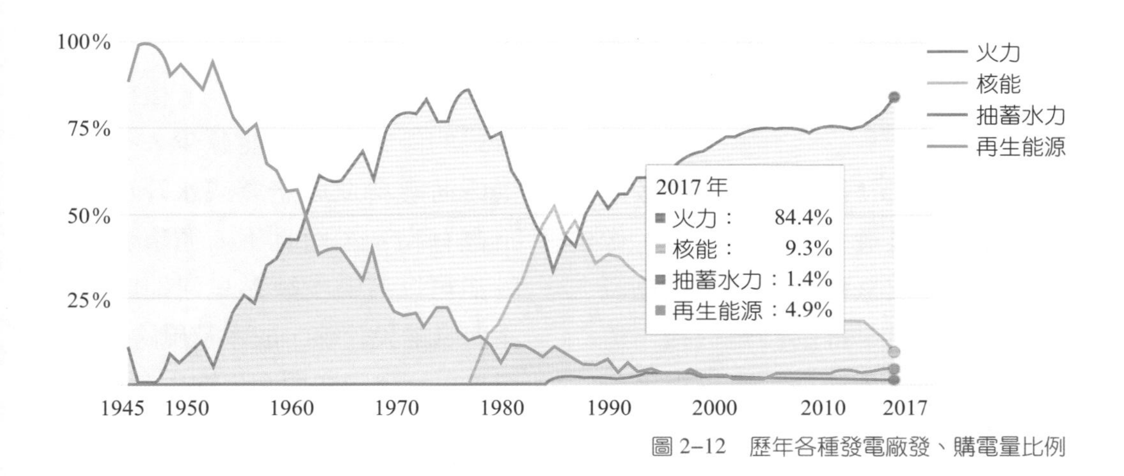

圖 2–12　歷年各種發電廠發、購電量比例

將會破壞許多生物的棲地；此外，水壩儲水發電會受到降雨和水量多寡的影響，較不能穩定供電；建造水壩的時間很長，費用也很高；建成之後，如水土保持不良，水庫淤積，壽命有限。因此，即使是最不容易產生汙染的發電方式，仍然有許多限制因素。

波浪發電

波浪發電是利用波浪帶動浮標的動能轉換成電能（圖 2–13），約莫西元 2000 年時才有第一個商轉的波浪發電廠。這種發電方式雖然汙染程度相當低，但海洋哺乳類或魚類等生物有可能卡在轉換機內而死亡，同時損壞機械；此外，轉換機的噪音也可能影響生物；而且這種發電方式的轉換過程較長，能量損耗較多，效率偏低。

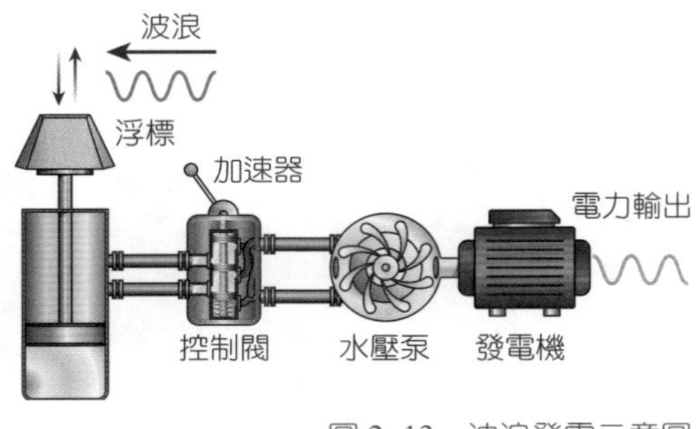

圖 2–13　波浪發電示意圖

海洋溫差發電

海洋溫差發電是利用溫度較高的表層海水蒸發低沸點的流體（像是氨、丙烷或氟利昂等）來推動渦輪發電機發電。推動發電機後，流體沿著管線進入深海，再以溫度較低的深層海水冷凝工作流體，冷凝後繼續沿著管線回到海表面，進行下一次循環（圖 2–14）。這種發電方式的優點是消耗能源少、不會產生任何廢料造成空氣或水汙染，也不會有噪音，而且不斷循環，全時段都可以發電；缺點是建造時需在深海處鋪設管線，成本及風險較高，而且可能會影響周圍生物生存。

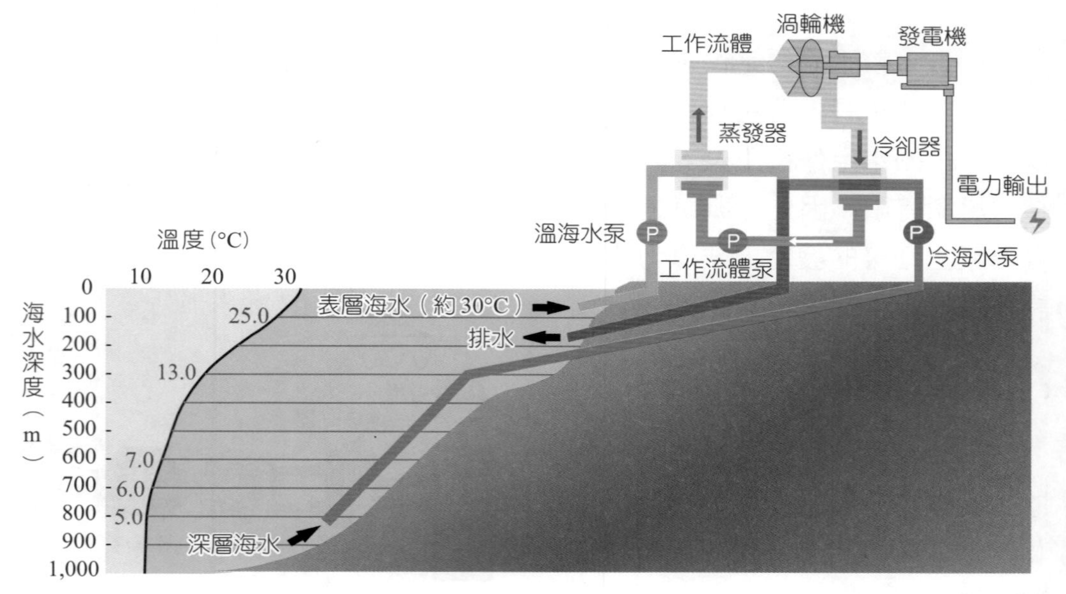

圖 2–14　海洋溫差發電原理

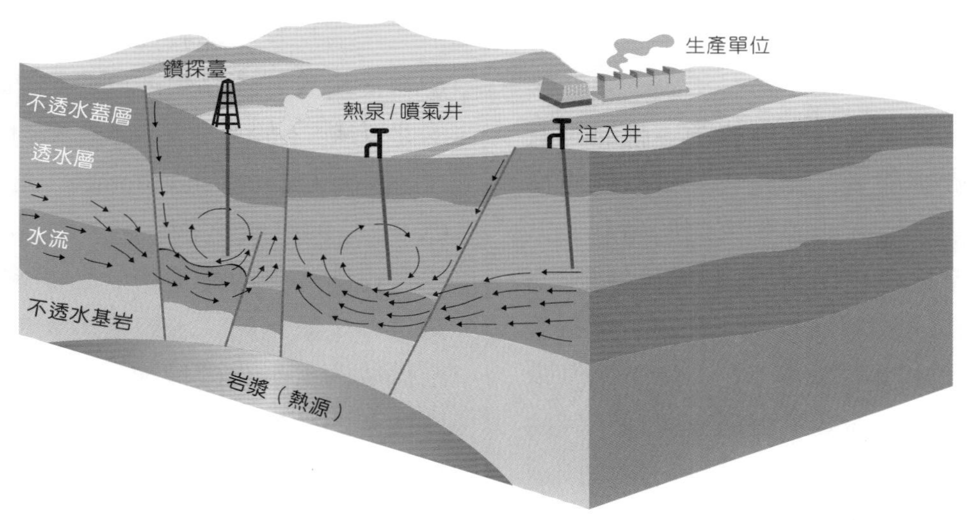

圖 2–15　地熱發電原理

地熱發電

地熱發電是利用地熱產出的蒸氣或以地下熱水加熱流體後，流體蒸發而成的氣體推動渦輪機發電（圖 2–15）。臺灣位處菲律賓海板塊與歐亞板塊交界處，也屬於環太平洋火山帶，構造活動較頻繁，地熱較容易取得，也較不容易有汙染。但是臺灣的地熱區多集中在地質敏感區 ❺，真正能用來發展地熱發電的面積過小，加上臺灣並未引進大規模開發的技術，使開發地熱發電的成本過高，因此目前要推動地熱發電廠仍有許多技術問題待克服。

註解 ❺ 地質敏感區：具有特殊地質景觀、地質環境，或有發生地質災害之虞的區域。

節能減碳

若是減少使用能源，就能夠減少碳排放量，首先我們可以從更換設備、提升能源效率開始做起。以居家或民生用電為例，可以將照明設備改裝成 LED 燈、利用智慧電錶調配時間電價 ❻，在尖峰時間減少用電。此外臺電也推出各種不同的節電策略鼓勵大眾減少用電，或避開尖峰時間用電。

除了讓消費者減少用電，還有沒有其它方法可以減少碳排放呢？其實自然界本身就有將大氣中的碳轉存進它處的機制，例如植物以光合作用將碳從氣圈轉存進生物圈，但是這種過程相當緩慢。於是有人開始思考，能不能抽走大氣中的二氧化碳，進而減少碳排放呢？

碳捕獲與封存

科學家提出一個很有趣的方法：既然大部分的二氧化碳都來自地底下的化石燃料，那我們何不將化石燃料使用後的產物再放回它們原本的地方呢？於是「碳捕獲與封存（Carbon Capture and Storage，簡稱 CCS）」的概念就這樣誕生了。

我們將火力發電廠、煉油廠、鋼鐵廠、製鋁廠、水泥廠等大型工廠排放的二氧化碳捕獲，放置到條件適合的地底下封存，逐漸和周圍岩石發生反應作結合，這樣一來二氧化碳就不會待在大氣中，溫室氣體含量也會隨之下降，預計可以減少 85 ～ 90% 的碳排放。

CCS 主要可以分成三部分：二氧化碳捕獲、運輸和封存（圖 2–16）。要怎麼捕捉碳呢？目前已發展出燃燒後捕獲、富氧燃燒和燃燒前捕獲這三種方式。工業界的目標是用最低的成本捕捉碳，並且濃度需達 90% 以上。由於捕獲二氧化碳所需的成本約占總技術成本的 60 ～ 80%，因此降低捕獲成本是目前的重要課題之一。

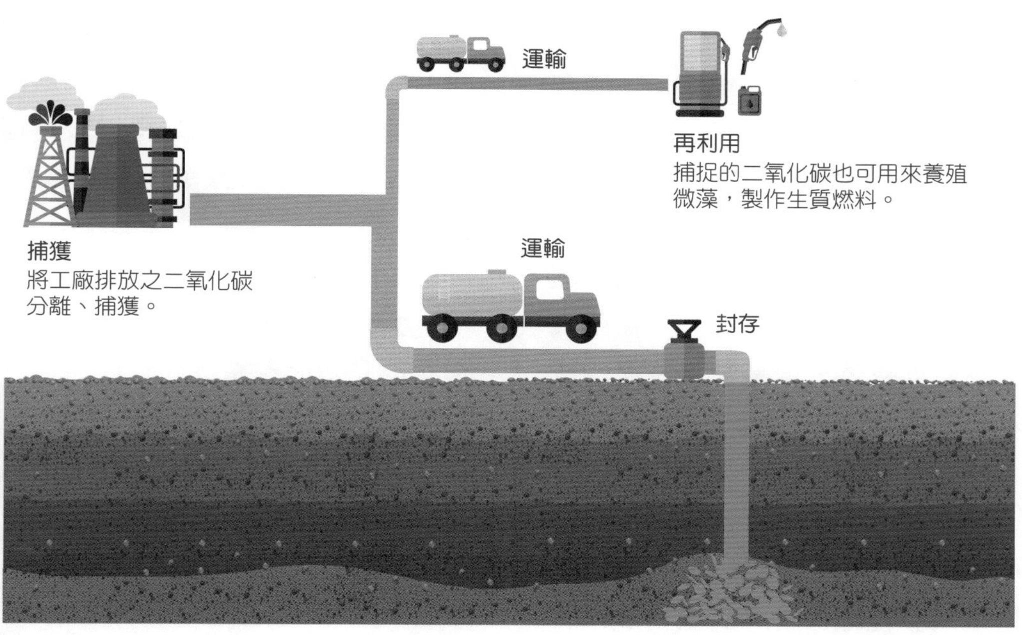

圖 2–16　碳捕獲與封存示意圖

燃燒後捕獲

燃燒後捕獲是將燃燒排放後的煙氣通過充滿液體溶劑（例如氨）的管道，利用這些溶劑捕捉二氧化碳。當溶劑吸收二氧化碳達飽和後，灌注約 120°C 的高溫液體，這時溶劑會釋放出捕捉到的二氧化碳，我們再將二氧化碳運送到要存放的地點。這種方法可以適用於各種火力發電廠，但目前仍在研究發展階段。

註解 ❻時間電價：根據不同用電時間的供電成本訂定不同的電價費率，尖峰時間電價較高，離峰時間電價則較低。

富氧燃燒

富氧燃燒是指傳統燃煤電站於純氧中燃煤，產生的廢氣絕大部分是二氧化碳和水蒸氣，排除水蒸氣以後，就可以將高濃度的二氧化碳運送到存放地點。這種方式需要大量高濃度氧氣，但是製氧技術的成本相當高。

燃燒前捕獲

燃燒前捕獲需應用在燃煤汽化循環式發電廠，將煤高壓富氧汽化後會形成一氧化碳和氫氣組成的合成氣體，經過水後產生二氧化碳。氫氣可以當作燃料用以產生電力，而二氧化碳則能被捕捉。這種方式的耗能較低，但是技術門檻較高。

二氧化碳的封存地點大多會選在耗竭油氣層、地下鹽水層等岩層裡，因為這些岩層的孔隙較多，灌入的二氧化碳才有空間可以放置；存放二氧化碳的岩層上方則需要有孔隙較少，可阻擋二氧化碳沿孔隙向上移動的蓋層，像是一個鍋蓋蓋住海綿一樣，二氧化碳得以被封存在地底，不容易外洩（圖 2–17）。

圖 2–17　適合碳封存的地質環境

二氧化碳灌進岩層後，會和岩石慢慢反應形成礦物質，但我們仍需要在地表上布置監測系統，以偵測是否有二氧化碳逸出（圖 2–18）。

在高壓高溫的地底下，二氧化碳會變成像是高密度流體的狀態，和石油在岩層裡的狀態相類似。將二氧化碳灌進岩層後，原本藏在岩層裡的油或氣可能因此被逼出來，達到石油增產的效果，因此這種二氧化碳捕獲和封存的技術早已在石油工業中被使用。

臺灣雖處活動大陸邊緣，在西部平原至臺灣海峽間底下卻有厚達 8

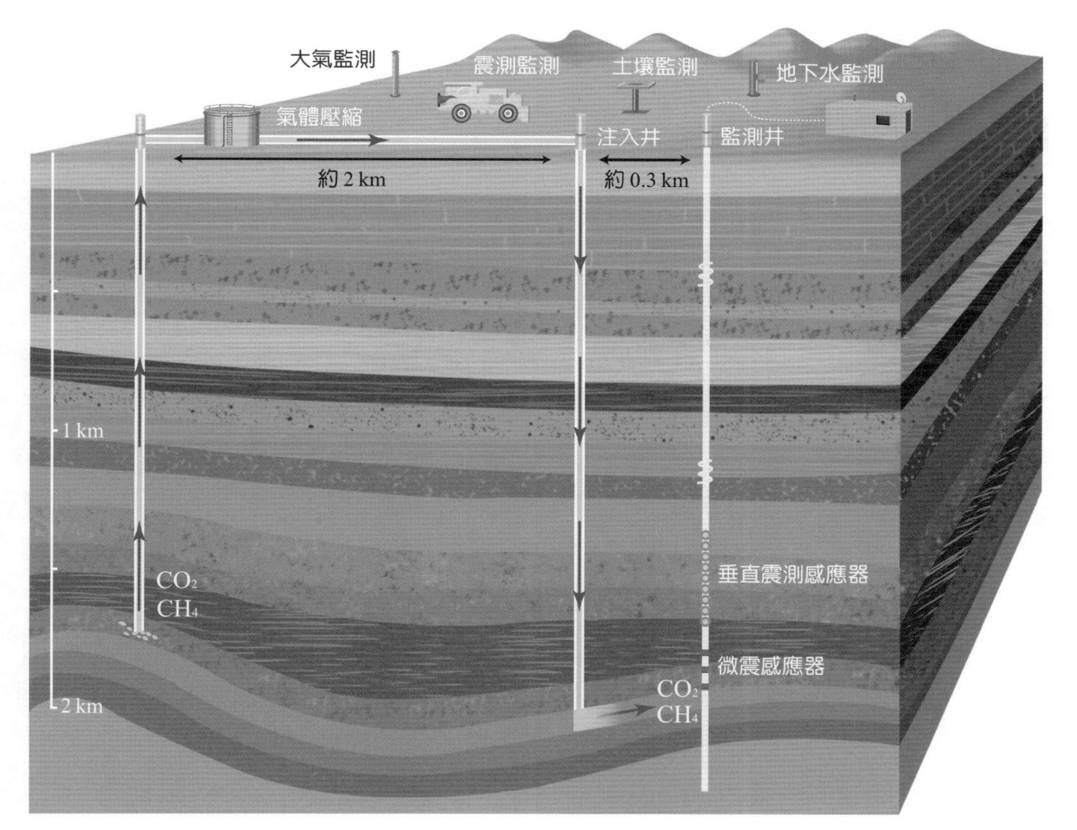

圖 2–18　CO_2 封存的監測系統

公里且具孔隙的沉積岩層，有望作為封存二氧化碳的目標岩層，目前仍需進行各種調查以逐步發展。

臺灣的能源問題

現今臺灣在能源上主要有以下三個問題：

能源依存度過高

臺灣主要仰賴火力發電，需要燃燒大量化石燃料，但是臺灣本身不產石油、煤或天然氣，因此97%的能源需要進口，若物價浮動或受到國際情勢影響，很容易發生能源危機。

能源便宜

跟其他國家相比，臺灣的電價因為有補助所以相對便宜許多（表2-3），造成消費者恣意浪費，未能養成節約能源的習慣與正確觀念，節能減碳只能淪為口號。

能源結構日趨單一

目前臺灣還是以火力發電為主，加上民間團體的反核、反空汙聲浪，使得能源政策尚未明朗，未來火力發電所占的比例還有待觀察。但在國際推動減碳的情勢下，減少火力發電廠是大勢所趨，臺灣遲早會面臨改變能源結構的問題。至於其他綠能發電的推動，也有成本與可行性等問題需納入考量。

結語

能源問題並非一朝一夕即能解決，需要各方溝通、理解，而且各種發電方式均有利弊，仍有許多需要討論的地方。在探討能源議題時必須考慮經濟與環境之間的平衡，不能依賴單一發電方式解決所有問題，還有待所有居住在這片土地上的人民共同思考和抉擇。

表 2–3　2017 年各國平均電價比較（單位：臺幣元 / 度）

住宅用電		工業用電	
國別	臺幣元／度	國別	臺幣元／度
墨西哥	1.9406	瑞典	1.9028
馬來西亞	2.3026	美國	2.1029
臺灣	2.4793	臺灣	2.3874
中國 *	2.6203	加拿大	2.5496
加拿大	3.3172	馬來西亞	2.5954
南韓	3.3213	荷蘭	2.6283
美國	3.9265	墨西哥	2.7067
新加坡	4.8445	南韓	2.9986
荷蘭	5.4056	新加坡 *	3.0424
瑞典	5.4286	中國 *	3.0873
法國	5.7015	法國	3.3194
智利	6.0673	德國	4.3543
日本	6.8854	智利	4.5607
德國	10.4585	日本	4.9613

註：* 為 2016 年資料。

資料來源：臺灣電力公司，取自國際能源總署 (IEA) 2018 年發布之最新統計資料與亞鄰各國電價資料。

我思╳我想

1► 目前許多人對於核電廠仍有許多疑慮，你覺得怎樣才能達成經濟發展和災難預防之間的平衡？

2► 所謂的綠電真的環保嗎？

3► 碳封存不會有危險嗎？

參考資料

- Carbon Monitoring for Action (CARMA, 2010).
- Richard Gray (2017). 人類面臨的最大能源挑戰是什麼？BBC 英倫網。檢自：http://www.bbc.com/ukchina/trad/39494661。
- 中電控股有限公司 (2013)。核能發電原理。檢自：https://www.clpgroup.com/NuclearEnergy/Chi/science/science3_1_1.aspx。
- 行政院環境保護署 (2018)。溫室氣體排放統計。檢自：https://www.epa.gov.tw/ct.asp?xItem=10052&ctNode=31352&mp=epa。
- 林殿順（2010 年 11 月）。臺灣二氧化碳地質封存潛能及安全性。檢自：http://www.cier.edu.tw/public/Attachment/011813571971.pdf。
- 邱詠程（2017 年 5 月）。非再生能源的介紹。科技大觀園。檢自：https://scitechvista.nat.gov.tw/c/sfW0.htm。
- 第二期能源國家型科技計畫。碳捕獲及封存知識網。檢自：http://www.nepii.tw/KM/CCS/index.html。
- 陳巾眉編譯，蔡麗伶審校（2011 年 8 月）。【氣候變遷 Q&A】(13) 什麼是碳捕捉與封存技術？碳捕集技術的主要形式？環境資訊中心。檢自：https://e-info.org.tw/node/69594。
- 經濟部能源局。雙語詞彙——能源名詞。檢自：https://www.moeaboe.gov.tw/ECW/populace/content/ContentLink.aspx?menu_id=426。
- 經濟部能源局。能源產業溫室氣體減量資訊網。檢自：http://www.eigic-estc.com.tw/。
- 董倫道、歐陽湘 (2010)。節能減碳：談二氧化碳捕獲與封存。地質，第 29 卷，第三期，14–16 頁。檢自：https://twgeoref.moeacgs.gov.tw/GipOpenWeb/imgAction?f=/2010/20101863/0014.pdf。
- 臺灣電力股份有限公司。火力營運現況與績效。檢自：https://www.taipower.com.tw/tc/page.aspx?mid=202。
- 臺灣電力股份有限公司。再生能源發電概況。檢自：https://www.taipower.com.tw/tc/page.aspx?mid=204&cid=154&cchk=0a47a6ed-e663-447b-8c27-092472d6dc73。
- 臺灣電力股份有限公司。核能營運現況與績效。檢自：https://www.taipower.com.tw/tc/page.aspx?mid=203。
- 臺灣電力股份有限公司。電價知識專區。檢自：https://www.taipower.com.tw/tc/page.aspx?cchk=1b3221ee-37c3-4811-9d4d-a1bb215f33c8&cid=351&mid=213。
- 臺灣電力股份有限公司。歷年發購電量結構及核能發電量占比。檢自：http://t.cn/RmvKitD。
- 蕭富元（2011 年 4 月）。臺灣能源的三大罩門。天下雜誌，第 369 期。檢自：https://www.cw.com.tw/article/article.action?id=5004070。

00:01

3

決定地球未來的人類世

英雄或惡魔，善惡存乎一念間

文／陳俐陵

漫畫、電影或電玩中的超級英雄們，往往以拯救人類與地球為己任，奮力擊退破壞世界和平的自私壞蛋，令眾人鼓掌叫好。回顧現實世界，超級英雄漫畫誕生的黃金年代，正是地球環境面臨各項變遷「大加速 (Great Acceleration)」的重要時刻。「惡魔」侵擾著地球的穩定狀態，但是阻止浩劫擴大的「英雄」在哪兒？「沒有人是局外人。」生活在地球上的每一個人既可能是惡魔，也可以是英雄，端看每個決策與行為的選擇。你的一念之間，都將累積並深深銘刻在地層中。

大加速時代

圖 3–1、3–2 分別顯示自 1750 年以來，人類社會與經濟的變遷面向，以及地球系統變遷的各項代表指標。一眼望去，明顯可見各數值的變化均有巨幅成長。尤其在 1950 年後，隨著人口總數急遽增加，實質 GDP、運輸與通信等均呈爆炸性成長，大量耗用能源、水資源與肥料，二氧化碳與甲烷被加速釋放到大氣圈內，造成海表溫度上升、海洋酸化現象加劇；且因人類糧食需求而大量捕撈海洋漁獲、毀滅森林，導致圖中各項指標幾乎呈現指數型急遽增加的「大加速」狀態。

大多數人在地球上生活的時間還不到一個世紀，或許很難理解大加速是什麼狀態？請試著想像你擁有穿越時空的能力，在唐朝到宋朝期間（西元 618 ～ 1279 年），以 60 年（一甲子）為間隔不斷跳躍。從唐初切換到宋末，你會發現制度與文化的差異，以及科技進步（指南針、火藥、印刷術的發明）對生活環境造成的影響。在這 11 次的場景變換中，你會觀察到低矮平房逐漸轉變為樓房林立、農業主流轉變為工商業繁盛的歷程，環境雖有所改變，但因變化緩慢所以尚能適應；但你若從 1950 年那個住在土角厝、使用茅廁、連電話都沒有的時代穿

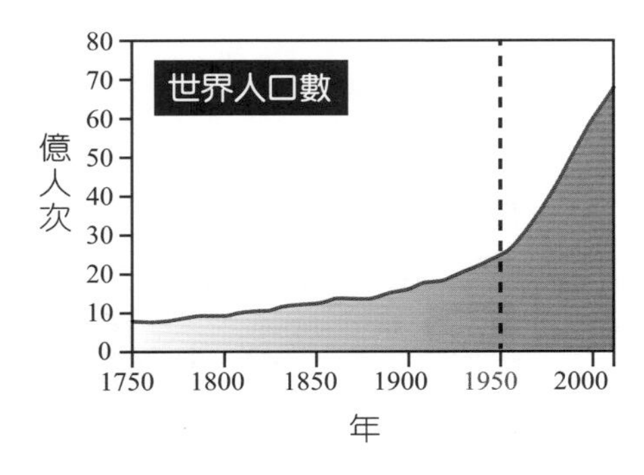

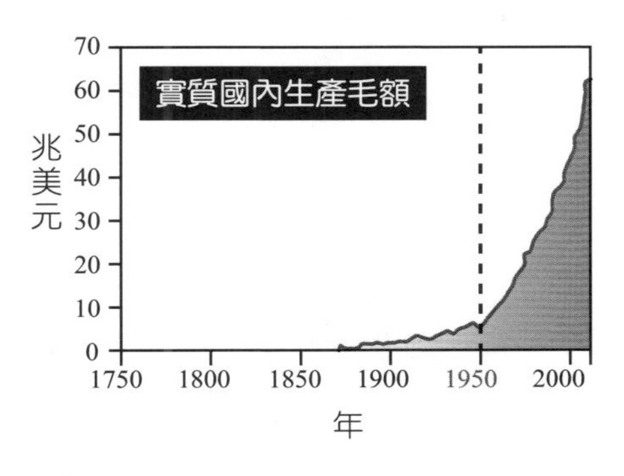

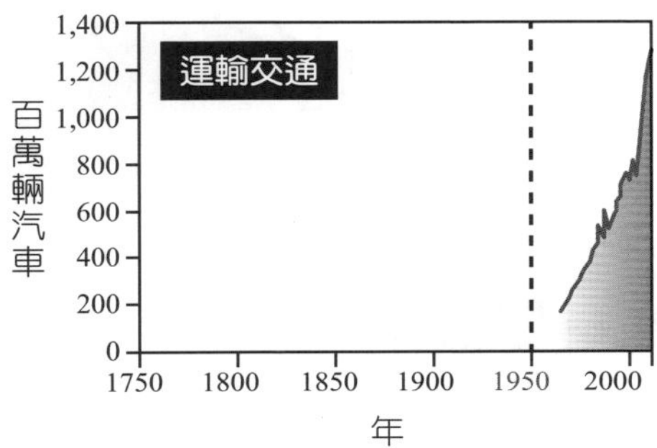

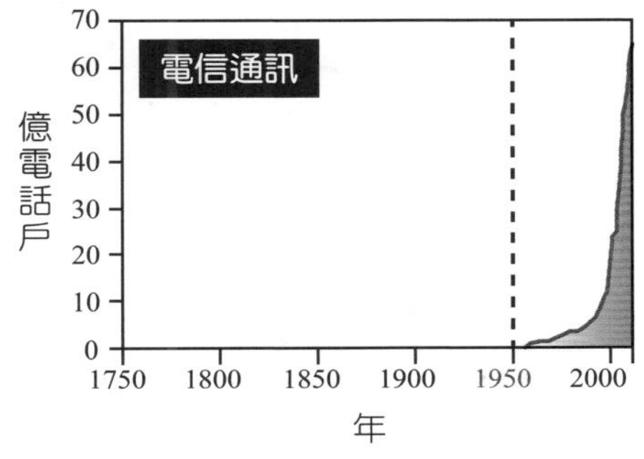

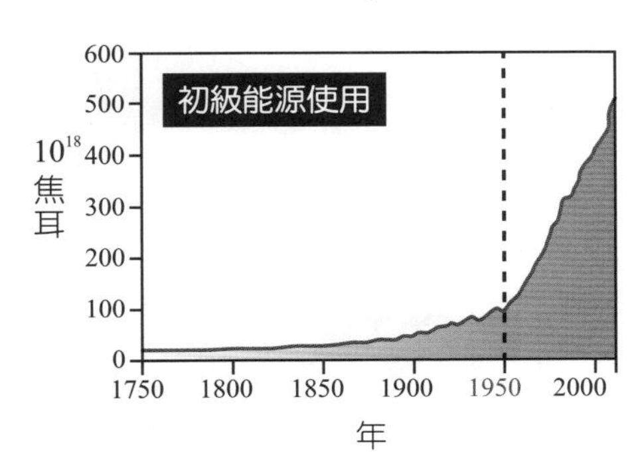

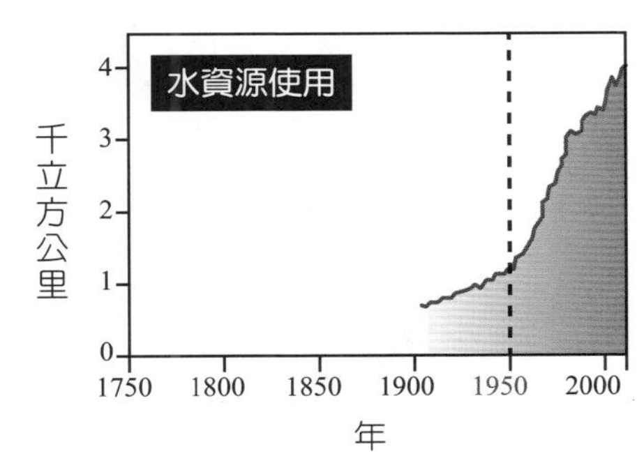

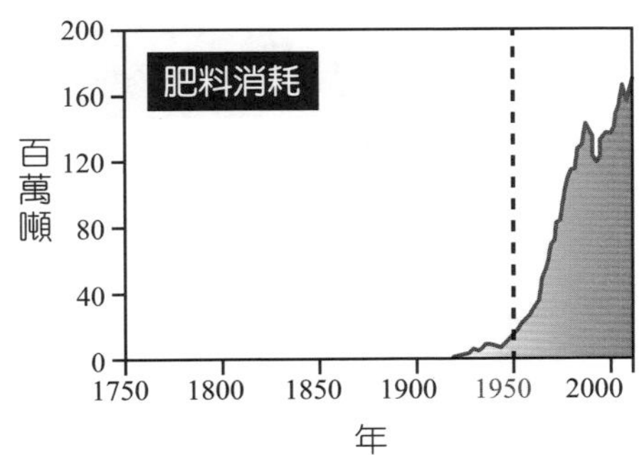

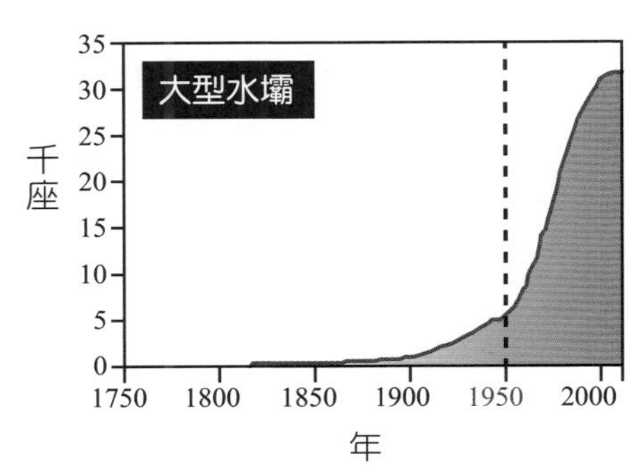

圖 3–1　人類社會與經濟變遷趨勢圖

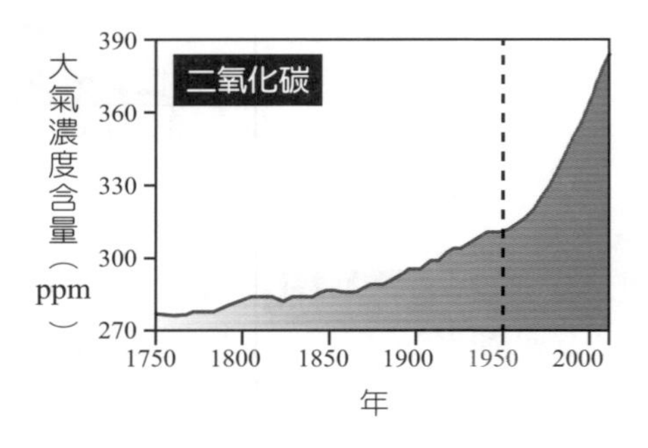

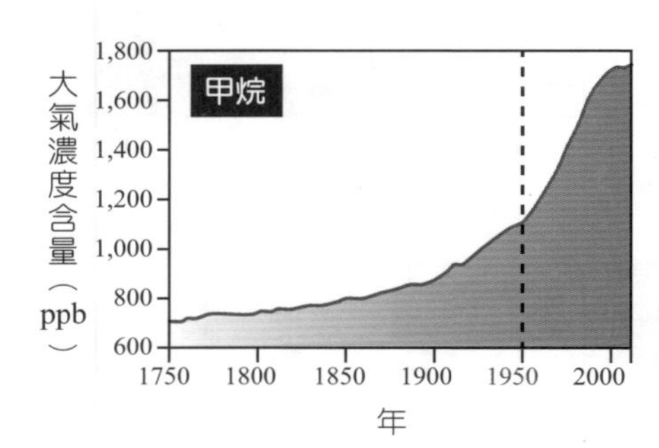

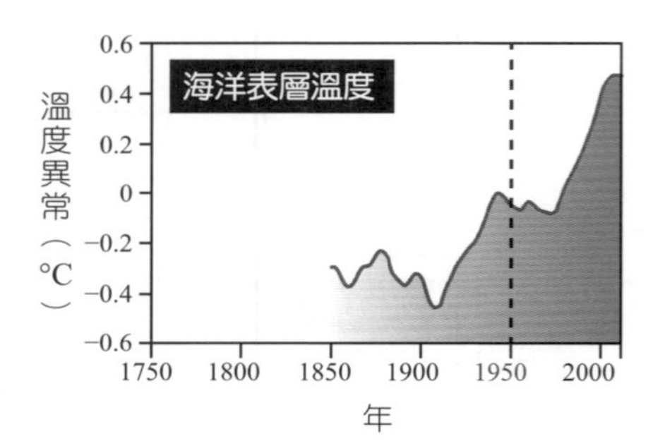

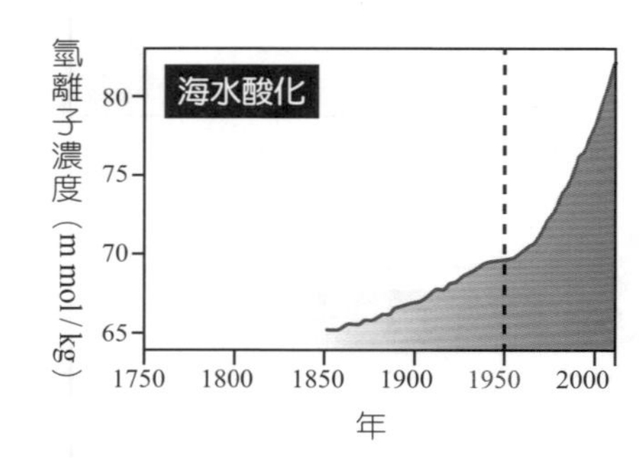

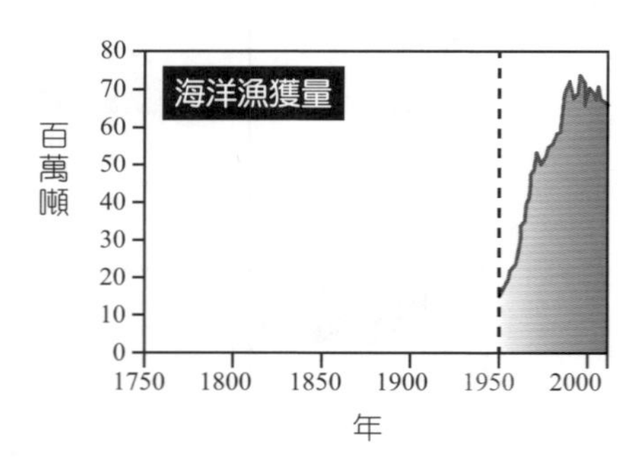

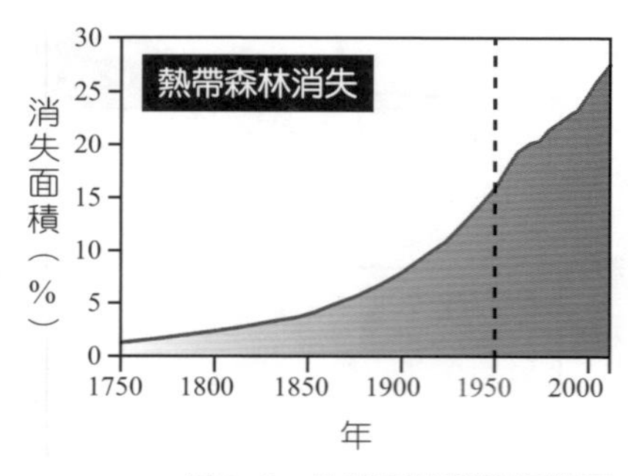

圖 3–2　地球系統變遷趨勢圖

越到 60 年後的大城市，就會立刻看到高樓大廈林立、使用馬桶與智慧型手機的現況。這 60 年間人類生活發生天翻地覆的變化，比起唐宋 600 年間的轉變更令人驚詫，彷彿到了另一個星球。

近百年來，由於科技與醫療的進步，造成各項社會與自然指標從過去的線性成長模式躍變為大加速的指數型曲線樣貌，在短短的 60 年間內改變甚鉅。雖然你不能親自穿越時空體驗，但可以問問阿公阿嬤：他們在跟你一樣年紀的時候是怎麼過日子的？內容必定讓你驚奇。可預見的未來是，21 世紀的發展也將超越人類活動在過去數千、數萬年的累積，等你變成阿公阿嬤後，整個世界的成長不知道又翻轉了多少倍。然而如此大規模、高速率的驟變，是人們可適應的嗎？地球上其他生物又將如何受影響？

第六次大滅絕

地球歷史上，因為氣候與環境驟變（例如全球冰期、隕石撞擊、火山爆發等）造成物種消逝的現象時有所見，其中有五次較嚴重的滅絕（圖 3–3）。最早約發生於 4.5 億年前，因全球進入寒冷的冰期，造成將近 57% 的屬滅種；第二次以海洋生物受創最嚴重，約有 50% 的屬滅絕；第三次是規模最大的滅絕事件，距今約 2.5 億年前的二疊紀—三疊紀時期，大概有 70% 的陸地脊椎動物以及 96% 的海洋生物滅絕；第四次則有 48% 的屬滅絕；第五次是讓恐龍消失的著名事件，發生於 6,500 萬年前的白堊紀—古近紀，可能因隕石撞擊，造成恐龍等 75% 的物種滅絕（另見〈恐龍怎麼滅絕了？〉篇）。

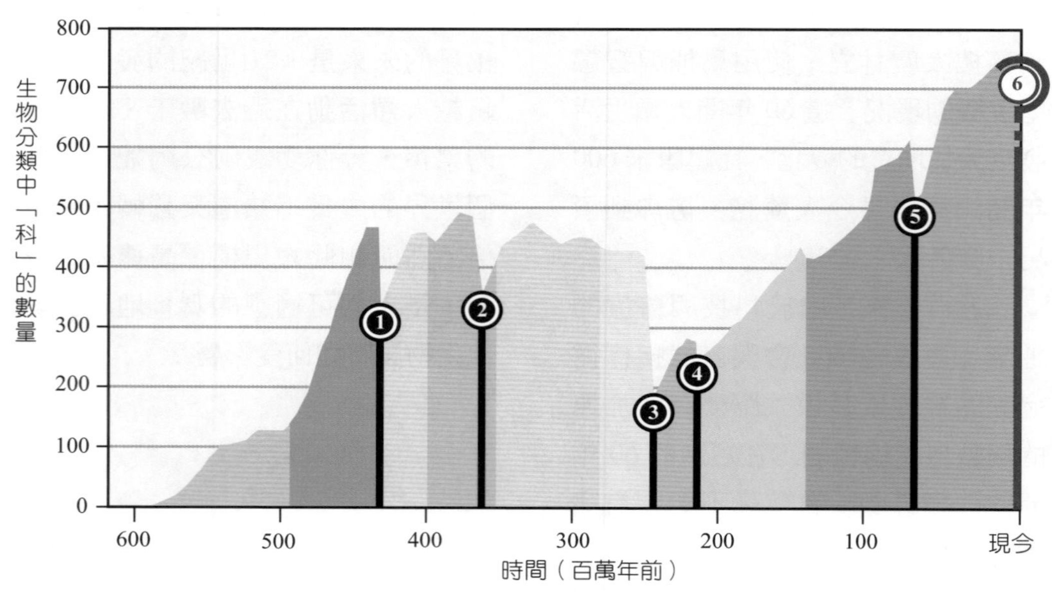

圖 3–3　地球歷史上生物分類中「科」的數量及五次主要的大滅絕事件

以上是人類出現前的五次大滅絕歷程，雖然在地質史紀錄上屬於短時間發生的「驟變」，實際上卻耗費約數十萬至數百萬年的時間。近年來，各種研究證據顯示，目前物種滅絕的速率超過背景值的 10 倍以上（圖 3–4），而且許多物種的數量大幅降低，接近瀕危，因此有人倡議應稱呼此現象為「第六次大滅絕」。更特別的是，這次滅絕導因於人類過度消耗地球資源、破壞環境而產生，與過去截然不同。

「我們正面臨拯救物種滅絕的最後時刻！」根據國際規模最大的非營利環保組織世界自然基金會（World Wildlife Fund，簡稱 WWF）統計，1970～2014 年間，包括哺乳類、兩生類、爬蟲類、魚類與鳥類等脊椎動物已大幅減少將近 60%，其中淡水生態系的生物數量減少了 80%，在中南美洲大陸有高達 90% 的個體已消失，而亞馬孫雨林甚至還有許多物種在尚未被人類發現之前，就慘遭滅絕。想像一下，你的學校裡每 10 人之中就有 6 人、甚至高達 9 人突然消失不見，無論

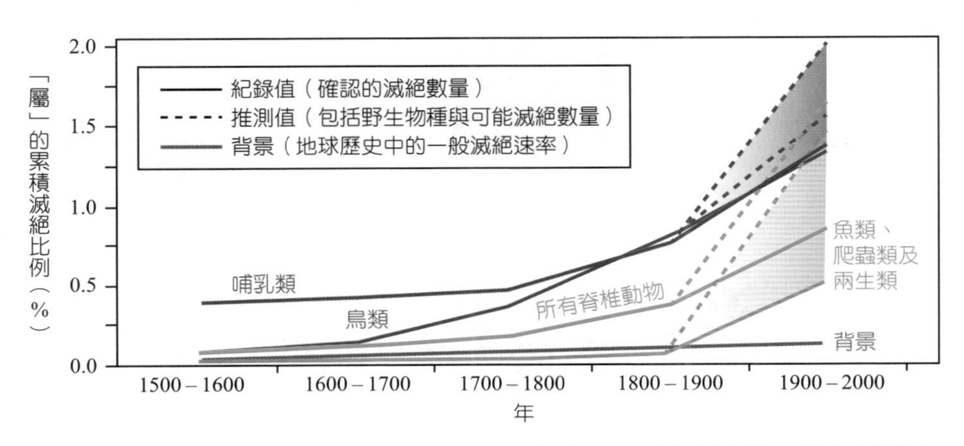

圖 3–4　16～21 世紀間脊椎動物之物種累積滅絕比例（紀錄值與推測值）

是好朋友，或者是根本還來不及認識的人，永遠都不會再出現，這種衝擊將會有多大！

以中南美洲為例（圖 3–5 (A)），因為大量森林被砍伐、棲地環境受破壞，加上各種土地開發影響，導致生物消逝數量驚人；此外，外來種入侵、氣候變遷作用與汙染問題均造成雪上加霜的結果。臺灣所在的印度—太平洋區域（圖 3–5 (B)），有近七成的脊椎動物消逝，相對於中南美洲而言，外來種入侵與氣候變遷作用的影響占比較高。生物消失的速率這麼快，要是你每天生活的地方，除了公園、人行道、學校與陽臺以外，還能看到自然生態中的動植物，就實在是太幸運了！

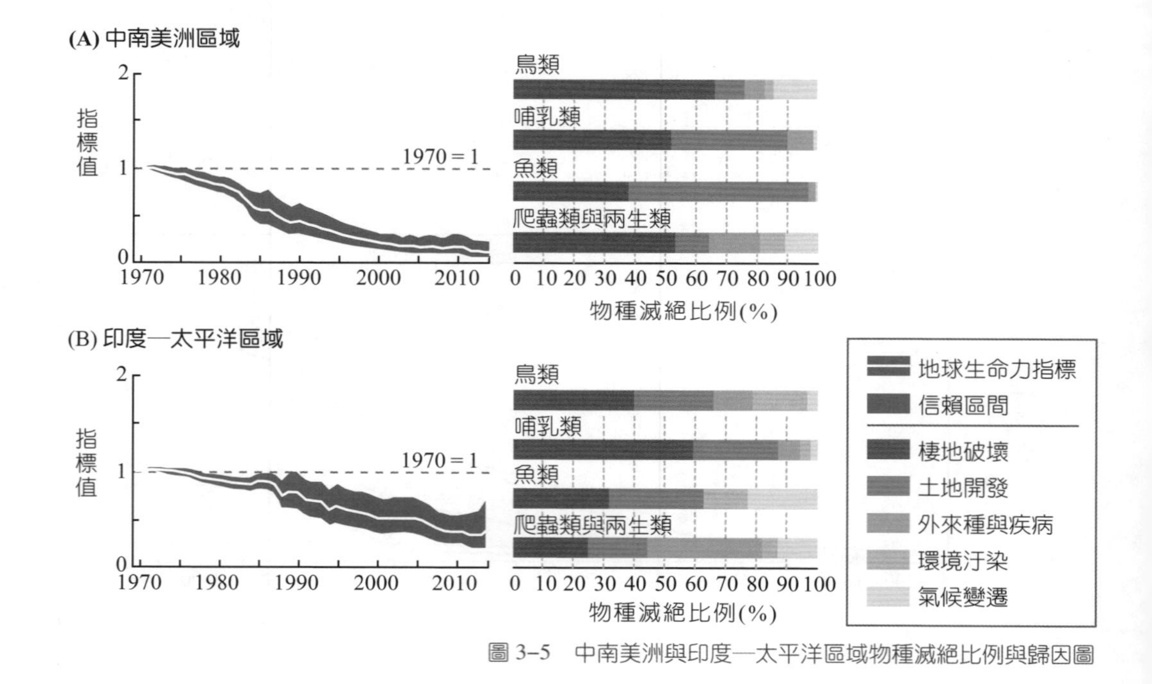

圖 3–5　中南美洲與印度—太平洋區域物種滅絕比例與歸因圖

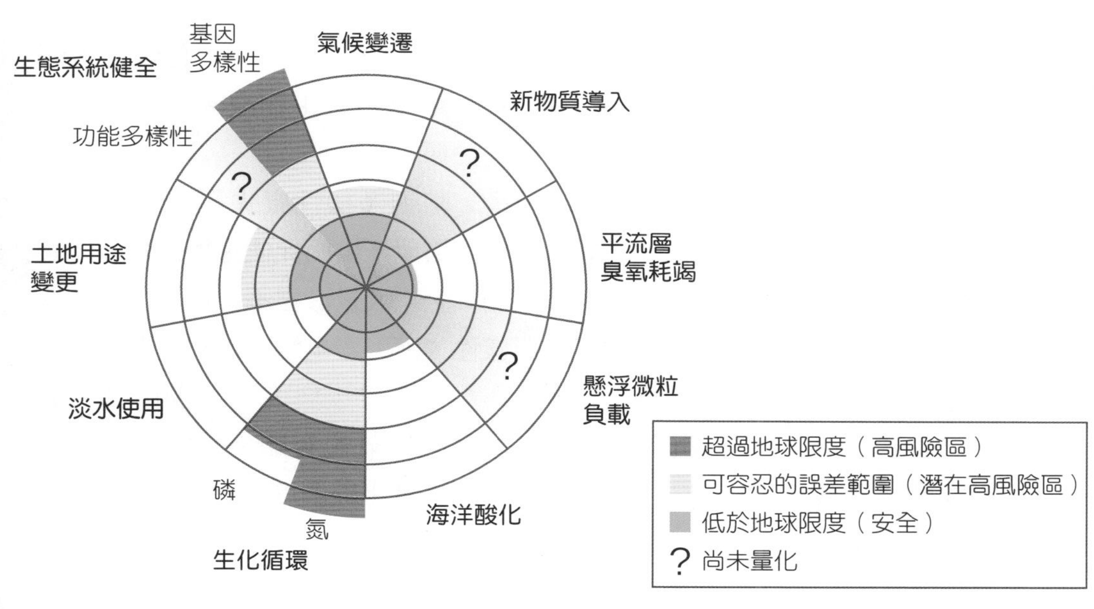

圖 3–6　2015 年地球限度模式指標 ❶

地球的極限

有鑑於人類活動耗損地球資源、影響環境變化日益嚴重，一群科學團隊建議以「地球限度 (Planet Boundaries)」的 9 項指標評估地球系統的變動歷程，包括：氣候變遷、新物質導入（例如化學汙染物）、平流層臭氧耗竭、懸浮微粒負載、海洋酸化、生化循環（氮循環與磷循環）、淡水使用、土地用途變更、生態系統健全（基因多樣性與功能多樣性），並試圖以量化方式顯示各項指標之現況。圖 3–6 的綠色範圍代表安全的極限值；紅色則表示超過限度，屬於高風險區。從 2015

註解 ❶懸浮微粒負載、新物質導入，以及生態系統的功能多樣性無全球統一指標，因此資料缺漏。

年的評估結果可發現，生化循環的磷循環與氮循環、生態系統中的基因多樣性等指標，均嚴重超過上限，而氣候變遷及土地用途變更歸類於潛在高風險區，海洋酸化指標則逼近地球限度上限。

若將模擬時序推估時間延伸至2個世紀前（圖3–7），1800年時各指標均無異狀；1950年起基因多樣性直接躍升為高危險區；1970年起平流層臭氧耗竭（臭氧層破洞）與生化循環指標相繼達到高危險狀態；直到2015年，土地用途變更及氣候變遷也提升為潛在高風險狀態，顯示近代森林砍伐與土地濫用問題惡化，尤其在非洲、亞洲區域更是受創嚴重；而全球氣候變遷的影響也很顯著；唯一的好消息是臭氧層耗竭問題已獲得改善。

生化循環中氮循環、磷循環的失控，與種植糧食需使用大量的化學肥料有關。過多的氮肥、磷肥沒有被農作物吸收，因而流入地下水與河川系統，造成優養化現象，導致水中魚類等生物缺氧死亡，水質更加惡化。

基因多樣性喪失與前述砍伐森林、環境汙染而促使生物大量滅亡有關，生物大量滅亡不只會減少基因多樣性，更影響生態系統的健全度。

氣候變遷與人類活動所排放的大量溫室氣體有關，2018年底大氣中的二氧化碳濃度已超過405 ppm，並似乎將持續以每年2～3 ppm增加，風險日益增高。

指標超過限度會有什麼問題呢？各指標都在安全限度內的話，系統呈現穩定的健康狀態，恢復力較佳，無論發生什麼樣的變動，都能較快恢復，容易保持動態平衡；若有愈來愈多的指標進入高危險狀態，恢復力變差，些微的變動都可能使系統愈趨脆弱、不穩定，甚至造成崩解。以人的健康狀態來比喻的話，對一個原本很健康的人來說，小小的感冒或許只要休息1～2週

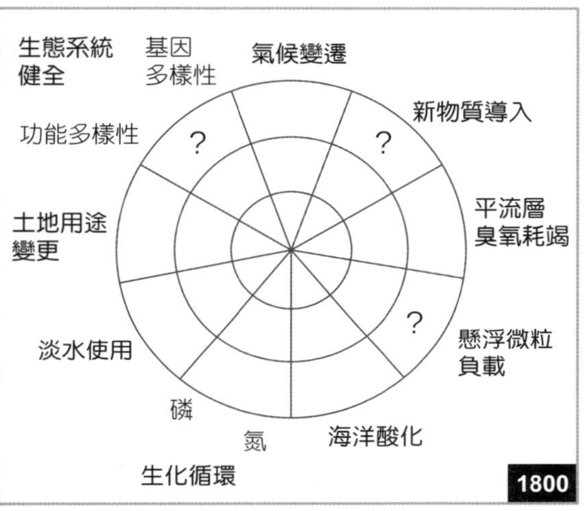

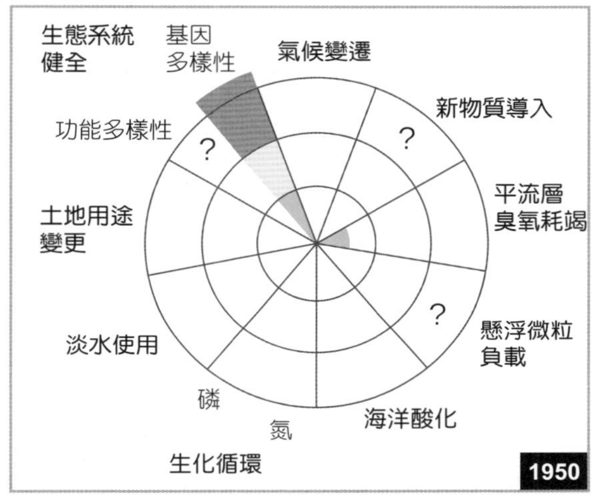

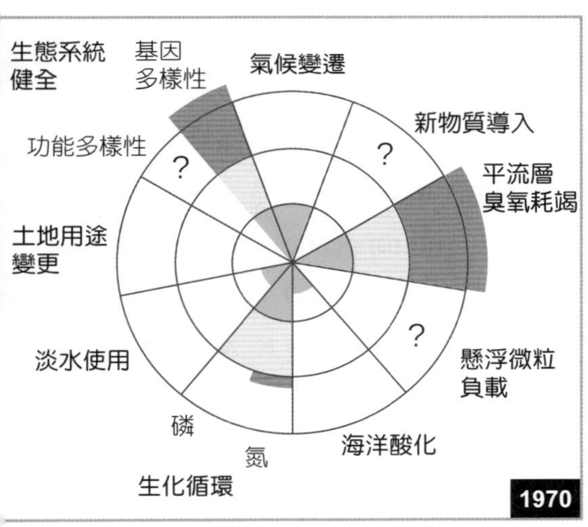

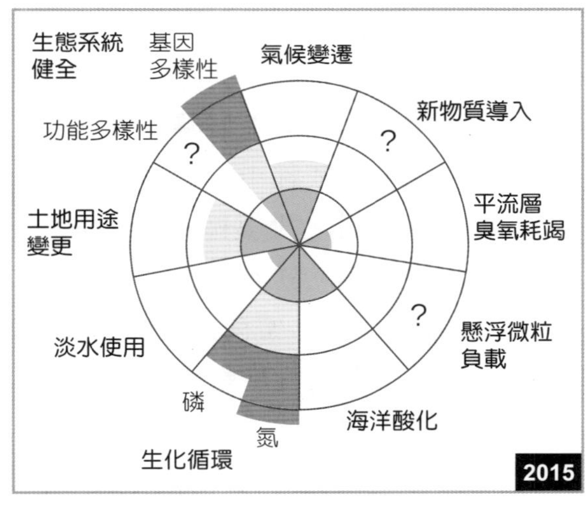

■ 超過地球限度（高風險區） ■ 低於地球限度（安全）
■ 可容忍的誤差範圍（潛在高風險區） ? 尚未量化

圖 3–7　2 個世紀以來地球限度模式指標之推估變動

便能恢復；但對一個體弱多病的人來說很難痊癒，甚至可能命喪黃泉。

人類的痕跡

「冰凍三尺，非一日之寒；為山九仞，豈一日之功？」前文所描述的大加速時代、生物第六次大滅絕、與地球限度有三指標處於高危險狀態等種種現況，歷歷指證著人類活動已在這個藍色星球上刻劃出不容忽視的痕跡。

最明顯的證據，莫過於從外太空俯視地球的夜間區域時，可見到點點螢光交織成都市化的網絡（圖3–8）。標示出已開發區域的夜間照明程度，北美、歐洲與日本均呈現極為明亮的狀態，臺灣亦清晰可辨；相較之下，開發程度較不發達的非洲，或無人居住的澳洲內陸與南極大陸等地均黯淡無光。若聚焦於臺灣本島，西半部亮光閃閃，六都位置更是耀眼，東半部則光源寥寥，可清楚辨認出宜蘭平原、花蓮市與臺東市區，而其它地區，包括中央山脈等地皆呈黑暗樣貌。

夜間區域的照明程度反映出都市化的程度，直接顯示能源耗用的狀態，以及人口大量聚集之處。都市化程度高的區域同時亦伴隨著大量資源耗竭（圖3–1、圖3–2）與垃圾浩劫，於是在人口增長、科技進步與資源耗用等因素作用之下，人類除了改變地球表面以外，也持續對地球產生深遠的影響。1999年的一場國際會議中，因發現臭氧層破洞獲得諾貝爾獎的保羅．克魯岑(Paul Crutzen)因此提出應該用「人類世(Anthropocene)」一詞強調人類活動對地球的影響：「我們已經不在全新世，而是處於人類世。」隔年發表文章後，逐漸引發各專家對「人類世」的熱議。

究竟要如何定義人類世呢？除了1950年代起的大加速時期可明顯見到人口增長、人類活動的影響外，有科學家提出1945年第一顆原子彈爆

炸後開啟了核子時代 (nuclear era)。各國陸續進行核子試爆活動，造成全球各地的輻射落塵累積，這些輻射落塵將直接記錄在地層中，容易被偵測定年，最適合當作人類世的起點。也有專家認為 18 世紀的工業革命是人類發展工業與科技的起點，大量燃燒化石燃料、釋放二氧化碳，導致全球的二氧化碳濃度驟增至今，更能代表人類對地球的影響。

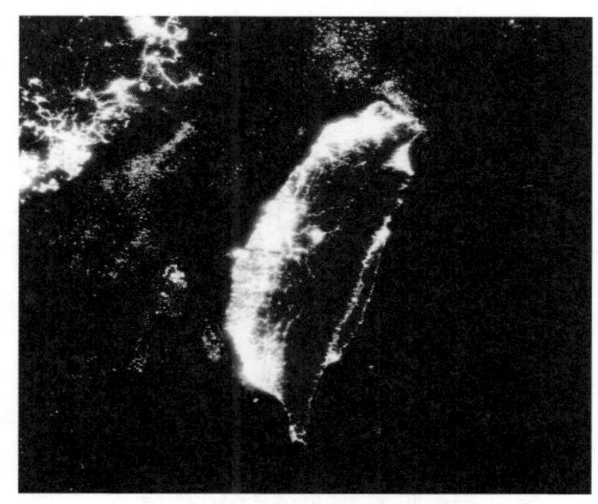

圖 3–8　衛星拍攝地球與臺灣的夜景

歷史學家表示，1492 年起哥倫布展開大規模的航海活動，促進新、舊世界的交流，產生物種、文化的大交換，將原本只生長在美洲的馬鈴薯、地瓜等農作物擴散到歐洲，並將牛、雞、蜜蜂等動物引入美洲，就連病菌也隨之相互傳播，成為全球化的基礎。海權時代使各大陸間的生活方式發生改變，應是標記人類世的重要關鍵。考古學家則建議回溯到 5,000 年前的農業革命時代，當時人類已經懂得使用耕種器具並馴養牲畜，為了開墾可耕農地，亦有焚燒林地、釋放溫室氣體至大氣的作為。透過大氣的組成變化，以及被農耕犁過的土壤，可以確認人類世之始。

未來一直來

無論你有沒有察覺到人類活動已經成為改變地球的營力之一，70 多億人口均無法立即停止耗用資源、改變自然環境的腳步，倘若人類依然故我，無視地球承載力限制，則逼近極限的高風險未來，會一直一直來，彷彿不斷膨脹的大氣球，隨時可能引爆，讓人措手不及。

於是「永續發展」成為人類的重要課題。其中「生態足跡」最常被作為衡量的工具，此方法是量化個人或特定社群運作所需的能源與資源，並轉換成自然界相對提供的土地與水域面積進行比較，例如計算一個人，或一間學校，或一個國家的占地空間、電力花費、水量、食物需求及廢棄物產出等能、資源，需要多少自然資產來支撐。根據全球足跡網絡（Global Footprint Network，簡稱 GFN）資料顯示，若人類活動依照目前的狀態持續下去，到 2030 年時，就需要 2 個地球的能、資源才能維持需求水準（圖 3–9），如果從現在起減少 30% 的二氧化碳排放量，則可降低到 1.5 個地球。

此外，GFN 也會每年公布人類消耗自然資源的速率，將該年累

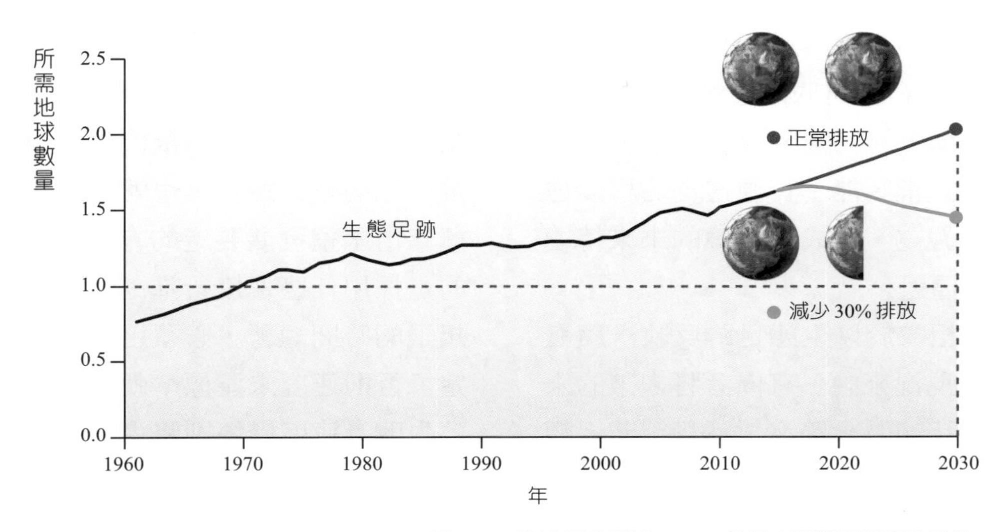

圖 3–9　全球足跡網絡 (GFN) 估測人類發展所需地球數

積消耗量超過當年負載的日子，稱作「地球超載日 (Earth Overshoot Day)」。例如 2018 年的地球超載日在 8 月 1 日，表示到年底的 5 個月時間，維持人類活動的地球能、資源都是以寅吃卯糧的方式壓榨出來的，因為整體消耗資源的速率是生態系統再生速率的 1.7 倍，實際上需要 1.7 個地球才能支持目前的生活型態。以用錢方式作為比喻的話，代表 8 月 1 日就把整年度的可用預算花光，然後開始超支、靠借款度日的模式。

從圖 3-10 可知 1969 年的地球超載日在 12 月底的聖誕節左右，收支尚稱平衡，但 50 年來超載日卻愈來愈提前，能、資源透支的程度愈來愈嚴重，造成高風險的未來持續默默逼近。

相較於以生態足跡反映永續發展的現況來說，有學者將未來的永續性比喻為火箭發射過程，若人類沒有共識就會一直懸在空中，非常危險，所以科技主義派認為需要加足馬力，衝出現狀以達到新的永續狀態。也有學者認為飛機從跑道起飛的比喻較為適合，也就是人類大概知道永續發展要走的方向，重要的是採用什麼速度行進，然而準備起飛的時間短暫，必須迅速做出決定，否則速度未達標準就起飛會導致失敗；速度過快則將失控衝出跑道。未來，一直來，幸運的是人類

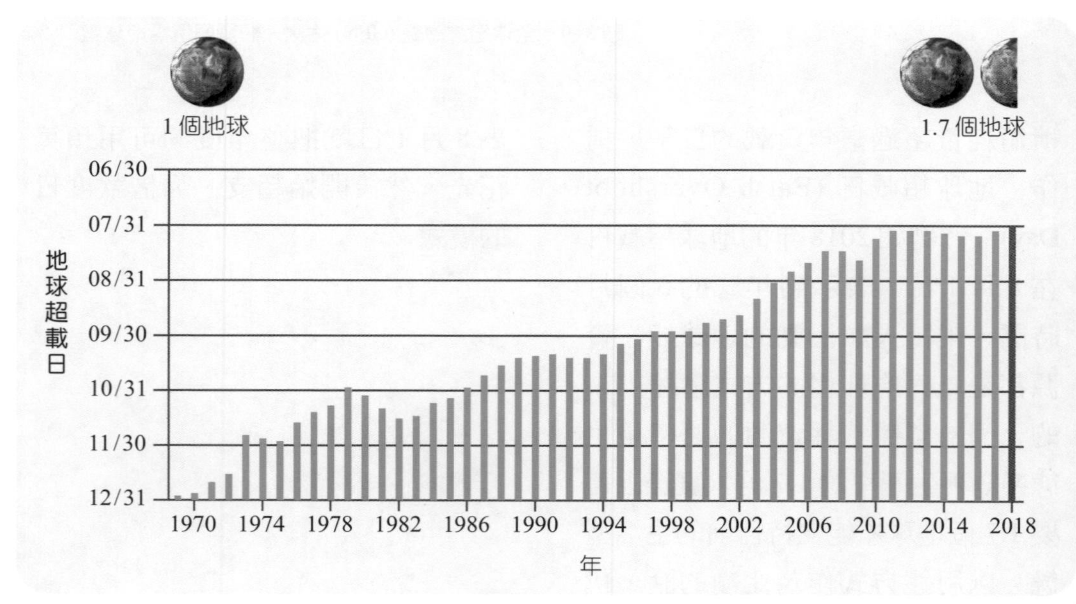

圖 3-10　全球足跡網絡 (GFN) 估測之各年地球超載日

文明發展已能探知過去、預測未來，如何利用此優勢因應？未來掌握在你我手中。

英雄或惡魔

現代人，*Homo sapiens*，也就是「智人」，憑著不懈的努力，共同造就今日的生活環境，至今已成為長久、廣泛改造地球環境的關鍵角色之一。「智人」約在20萬年前出現，別說跟在地球上存在2億多年的活化石蟑螂相比，就連已滅絕的大型恐龍也盤據史上1億多年，遠比人類占據地球的時間漫長。但江湖上卻傳言「人類是地球的癌細胞」，大量耗用養分、破壞宿主，最終將自取滅亡，暗示著人類彷彿惡魔般降臨，帶來巨大災難。

人類很脆弱，缺水一週就會死亡，但人類也是地球史上罕見，由單一物種改變地貌的例子。從人類掌握影響地球的力量那一刻，就有如《雙城記》開頭文字所描述：

> 這是最好的時代，也是最壞的時代；這是智慧的時代，也是愚蠢的時代；這是篤信的時代，也是疑慮的時代；這是光明的季節，也是黑暗的季節；這是希望的春天，也是絕望的冬天；我們什麼都有，也什麼都沒有；我們全都會上天堂，也全都會下地獄。
>
> —狄更斯（Charles Dickens），《雙城記》，1859

WWF呼籲著：「我們是第一個意識到自己正在摧毀地球的世代，也是能採取行動改變的最後一個世代。」此時此刻就是轉折點，如同雷神索爾所說：「掌握地球命運的不是神明，而是凡人。」鋼鐵人也指示：「是選擇的道路成就了英雄，而不是他們天生擁有的力量。」你我如何選擇，關係到地球與人類未來的命運。仔細思考看看，若擁有穿越時空的能力，60年後，你希望看到什麼樣的地球？而你是超級英雄或邪惡魔王？

我思 × 我想

1► 大加速時代，指的是因人類活動造成社會、經濟狀態，以及地球環境顯著變動的時期。請問除了圖 3–1、3–2 的指標外，還有哪些項目也發生爆炸性成長的大加速狀態？

2► 國際地層委員會是負責定義全球年代地層單位的組織，每年都會討論地球歷史所發生的重要改變事件並為其劃定界線，事件影響範圍愈大則愈顯關鍵，事件的起始點或結束點愈清晰則愈具指標性。若你身為「人類世」的工作小組代表，會建議選擇以下哪個事件作為人類世起點的最佳指標？

(1) 5,000 年前，農業革命——焚燒森林，釋放二氧化碳與甲烷至大氣層。

(2) 1492 年起，哥倫布大交換——全球物種交流影響生態體系。

(3) 1750 年起，工業革命——大量使用化石燃料，釋放二氧化碳至大氣層。

(4) 1945 年起，核子試爆——短時間內散布輻射落塵。

(5) 1950 年起，大加速時代——社會變遷與自然變遷各項指標快速增長。

3► 請計算你個人的生態足跡，並寫下結果、和其他人比較。若全球的人都跟你的生活行為一樣，需要幾個地球維持需求？

參考網址：

生態足跡計算器

1. https://goo.gl/NZOnb7

2. http://www.footprintcalculator.org

參考資料

- Colin N. Waters, Jan Zalasiewicz, Colin Summerhayes, et al. (2016). The Anthropocene is functionally and stratigraphically distinct from the Holocene. *Science*, Vol. 351 (6269), pp.138–147.
- Diane Ackerman (2015).《人類時代：我們所塑造的世界》。莊安祺譯。臺北：時報出版。
- Global Footprint Network. Retrieved from https://www.footprintnetwork.org.
- Grooten, M. and Almond, R.E.A. (Eds). (2018). *Living Planet Report 2018. Aiming Higher*. WWF, Gland, Switzerland. Retrieved from https://wwf.panda.org/knowledge_hub/all_publications/living_planet_report_2018.
- Johan Rockström, Will Steffen, Kevin Noone, et al. (2009). Planetary boundaries: Exploring the safe operating space for humanity. *Ecology and Society*, 14 (2), p.32.
- Will Steffen, Katherine Richardson, Johan Rockström, et al. (2015). Planetary boundaries: Guiding human development on a changing planet. *Science*, Vol. 347 (6223), 1259855.
- Welcome to Anthropocene. Retrieved from http://www.anthropocene.info.
- Yuval Noah Harari (2014).《人類大歷史：從野獸到扮演上帝》。林俊宏譯。臺北：天下文化出版。
- 方炳超（2017 年 11 月）。當資源耗盡，人類怎麼辦？魏國彥警告：第 6 次物種大滅絕已開始。風傳媒。檢自：https://www.storm.mg/article/344429。
- 程延年 (2011)。探索生命軌跡—大爆發、大滅絕與大復甦。科學月刊，42 (3)，201–209 頁。

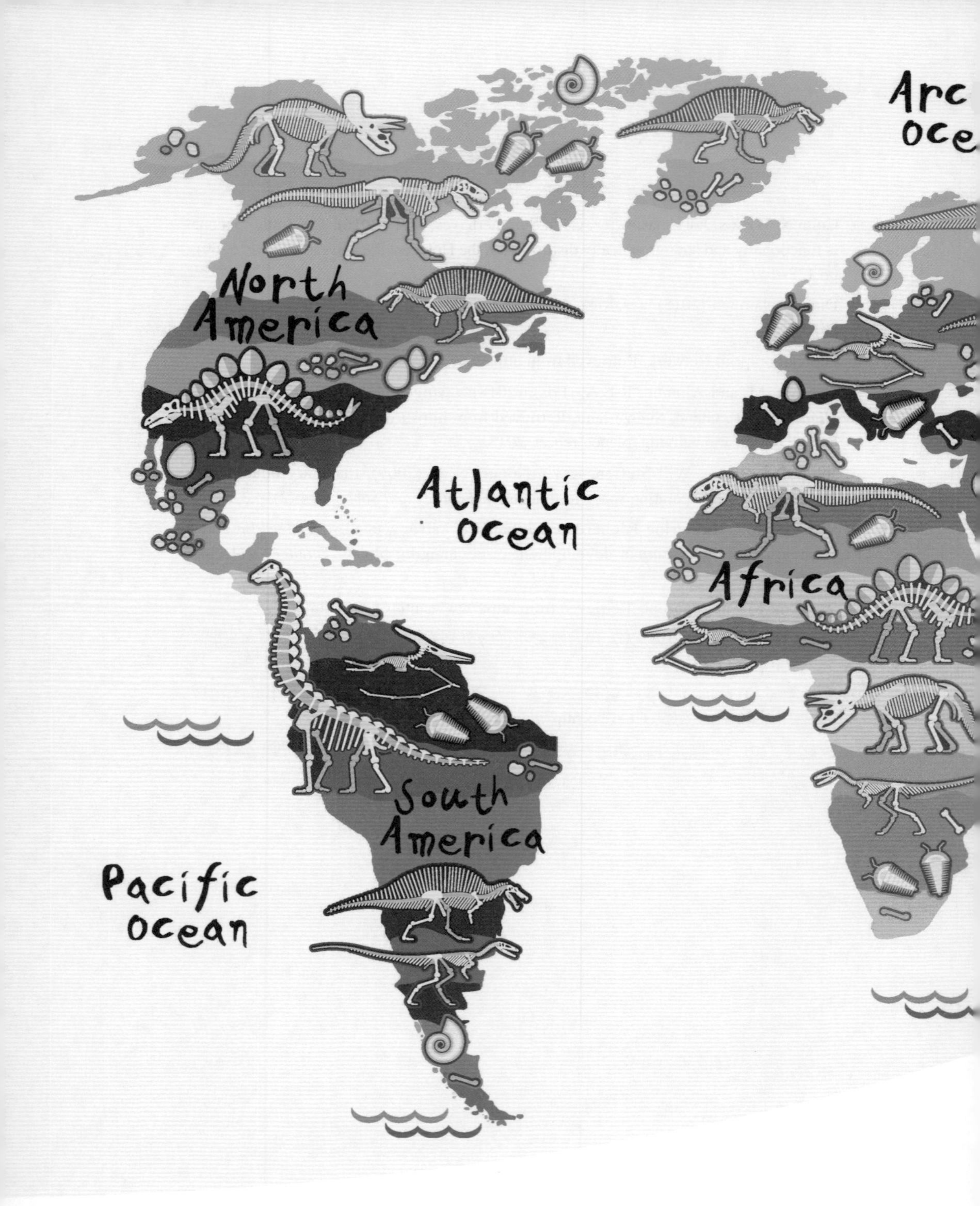
Arc
Oce
North
America
Atlantic
ocean
Africa
South
America
Pacific
ocean

4

恐龍怎麼滅絕了？

打一場科學上的筆仗

文／吳依璇、魏國彥

相信大家對於恐龍都不陌生，也在博物館或是圖片上看過恐龍化石（圖 4–1）。要不是有這些化石遺留下來，真的很難想像這樣巨大的生物曾經稱霸地球呢！話說回來，為什麼這些曾經稱霸地球的龐然巨物，會從地球上消失呢？

恐龍是什麼龍？

大家都聽過恐龍，但恐龍到底是什麼呢？恐龍泛指出現於中生代的陸棲脊椎動物，是當時地表上最巨大的生物。別小看牠們，牠們可是在地球上當了 1 億 6,000 萬年的優勢物種呢！目前科學家發現，恐龍大概是從 2 億 3,000 萬年前的三疊紀中期開始出現，在約 6,500 萬年前的白堊紀末期突然消失。

恐龍為什麼叫作恐龍呢？最初發現這種巨大的生物骨骼時，科學家將之稱為「斑龍」（屬名：*Megalosaurus*），在希臘文

圖 4–1　曾經稱霸地表的恐龍

中意指「巨大的龍」。1842年，英國科學家歐文爵士正式提出以"Dinosauria"為其命名，在古希臘文中，這是極其巨大、恐怖的蜥蜴，因為當時科學家看到這麼巨大的化石，覺得非常恐怖！後來日本人將這個單字翻譯成「恐龍（恐竜）」，中文也就這樣沿用下來。

隨著恐龍化石不斷出土，我們得以慢慢揭露牠們可能的樣貌。目前已知的恐龍體型大小相當懸殊，最大的恐龍體長可以超過50公尺，最小的恐龍卻可能只有數公分長。而恐龍的習性也大相逕庭，有些恐龍吃素，有些恐龍吃肉，有些恐龍則葷素不拘。

我們要怎麼確定挖出來的是恐龍化石呢？目前科學家以骨骼上的某些特徵來認定恐龍，我們常提到的魚龍、滄龍、蛇頸龍和翼龍等，雖然以「龍」為名，但其實都不是科學家們認定的恐龍。因為魚龍、滄龍、蛇頸龍並非陸生，而翼龍在三疊紀時期就和恐龍們在演化史上分道揚鑣了。

科學家們利用挖掘出來的化石重建恐龍當時的樣子，比如說：拿恐龍化石和現代動物的骨骼作比對，推論恐龍應該和蜥蜴的樣貌比較接近；參照恐龍骨盤的結構和股骨與骨盤的連接方式等，猜測當時恐龍應該是直立行走的；從牙齒化石也可以回推恐龍的食性。每當發現新的化石，科學家對恐龍的重建也就愈仔細、愈具體，我們發現的化石愈多，對恐龍的描繪就愈接近牠們原本的樣貌。

科學家的時光機

藉由觀察各式各樣的恐龍化石，科學家也能夠慢慢地開始認知：那個年代的環境會是什麼樣子呢？事實上，在中生代這段漫長的時光中，地球環境發生過不少變化。三疊紀形成的岩石大多是紅色砂岩和一些蒸發岩，所以那時候的環境可能比

(A) 三疊紀中期

(B) 侏羅紀

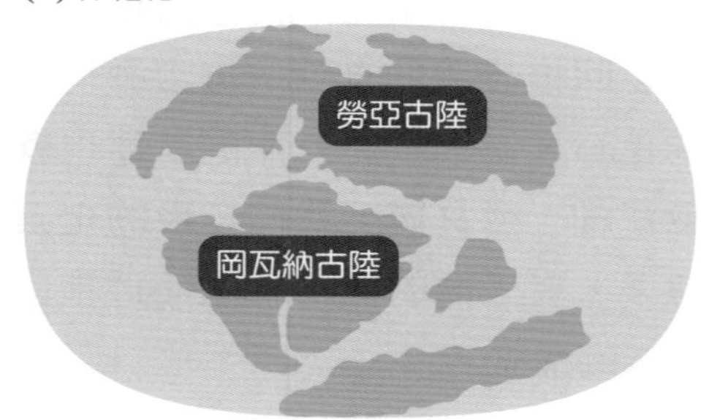

(C) 白堊紀中期

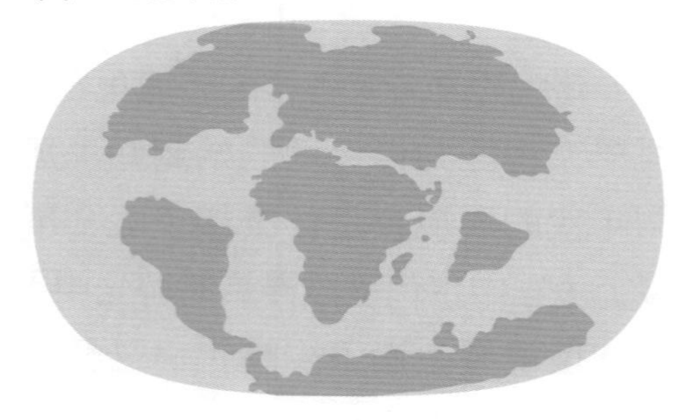

圖 4–2　各時期的海陸分布圖

較熱，也比較乾燥。目前還沒有在地層中發現冰河的遺跡，推斷地球當時的平均溫度比現在高很多。這個時期的陸地全部聚在一起，稱作盤古大陸（Pangea，圖 4–2(A)）。也因為陸地全部聚在一起，陸地環境就像是加強版的大陸型氣候，夏天特別熱、冬天特別冷；靠近海洋的地方比較潮溼，內陸則非常乾燥，容易形成強烈的季風。裸子植物、蕨類、珊瑚、魚龍和菊石等生物都在岩石中留下痕跡。

到了侏羅紀，盤古大陸慢慢分解，變成北邊的勞亞古陸 (Laurasia) 和南邊的岡瓦納古陸 (Gondwana)（圖 4–2(B)）。早期還延續著三疊紀的乾燥氣候，後來隨著陸塊分裂，海陸分布發生變化，陸地上的氣候變得愈來愈溼潤，於是有了高大的杉樹、松樹、銀杏和蕨類等植物。目前科學家仍未發現這段期間有冰河的痕跡，因此認為當時的氣候應該相對溫暖且潮溼。

圖 4–3　英國南岸的多佛白崖

三疊紀—侏羅紀交界時曾經發生一個規模不大的絕滅事件，倖存的生物不斷繁衍、演化，種類愈來愈多樣。海中有許多脊椎動物，像是魚類、蛇頸龍、魚龍等，還有一些龜類數量也多了起來；陸地上出現了大型爬蟲類——恐龍，成為恐龍稱霸的天下；而天空則被愈來愈多的翼龍盤據。順帶一提，目前發現最早的鳥類也在侏羅紀晚期出現，而鳥類的祖先被認為是某一類的恐龍。

到了白堊紀，海底山脈持續發育，大西洋慢慢變寬、各陸塊持續緩慢移動，逐漸走向現今的海陸分布樣貌（但是位置還在變化）（圖 4–2(C)），也使得海平面漸漸上升。

溫暖的氣候和大範圍的淺海提供海中藻類良好的生長環境，像是擁有碳酸鈣外殼的鈣板藻在這個時期相當繁盛，死後留下大量的白色石灰岩（白堊），在現今的英國南岸可以看到這樣的岩石崖壁（圖 4–3）。白堊紀的氣候有時溫暖，有時涼爽。科學家發現，從侏羅紀進入白堊紀時，在高緯度地區有降雪，出現了一些冰河；熱帶地區則變得更為潮溼。而後氣溫又上升，可能是因為火山噴發出一些溫室氣體所導致。

白堊紀時，陸地上的開花植物出現，勢力開始急遽擴張。大型植物欣欣向榮，使得植食類恐龍發展得愈來愈龐大；昆蟲的種類也逐漸多樣化，螞蟻、白蟻、蜜蜂等陸續登上地球的生命舞臺。岩層中的資訊有助於重建過去的地球環境，不管是動植物化石還是岩石的樣貌，這些線索組裝成一臺時光機，帶領科學家見證生物演化與環境變遷的興衰。

生物是隨著時間演化的？

我們對過去的想像大多來自化石，隨著不同樣貌的化石陸續問世，人們開始思考生物的樣貌是如何改變的？為什麼會有這些變化？是隨著時間變動的嗎？起初，科學家觀察化石和時間之間的關係，有了兩種解釋：一種是地球環境曾經發生過一些巨大的災變，每次災變都造成生物界的大滅絕，少數的倖存生物在廢墟中重新出發，演化出與前一個時代樣貌渾然不同的物種。另一種是生物隨著時間慢慢改變形貌，現代生物和古代化石之所以有差異，主要是因為地質時間很長遠，漫長的地質時代中，生物不斷演化，因此古今不同。前者稱為「災變論 (Catastrophism)」，後者則是「均變論 (Uniformitarianism)」。

災變論

在過往地質學的發展中，最初受到宗教的影響，認為地層中發現的化石與《聖經》上的故事相呼應——這些化石皆是大洪水淹沒後所遺留下來的生物遺骸。直到更多化石被挖掘出來，18 世紀時法國比較解剖學家／古生物學家喬治．居

維葉 (Georges Cuvier) 透過研究出土於巴黎盆地的大型動物化石，和現今動物的骨骼差異加以比對，認為是突如其來的大災變，例如地震、火山爆發、洪水等，使得生物突然滅絕，而在大災變結束後，地球環境會維持穩定並發展出新的生物，此說法後來被確立為「災變論」。

均變論

相對於災變論，均變論的起源比較早一些。在地質學發展初期，隨著沉積岩的形成機制逐漸成形，以及對於漫長地球歷史的理解，詹姆斯・赫頓 (James Hutton) 在西元 1785 年提出「自然界的歷史會不斷循環重複」的概念。他認為以前的陸地與現今的陸地不太相同，現今的陸地是在以前的海底形成的，而以前的陸地上孕育著生物。如果要讓陸地維持不變，需要集結一些鬆散的材料，這些鬆散的材料大多從海底慢慢堆積，漸漸從海面上露出。赫頓不斷尋找支持這種想法的證據。他走訪各地、觀察岩石上的痕跡，認為形成陸地的過程是不斷重複的循環，材料在海床上堆積、被抬升，受到侵蝕後再回到海底。

查理斯・萊爾 (Charles Lyell) 繼承赫頓的想法，試圖藉由現今地球上的作用回推過去地貌改變的過程。他認為在現今地球上觀察到的作用，已經進行了很長一段時間，在過去的地球上也持續著。所有的物理、化學和生物原理從古到今皆適用、能量大小的改變方式皆相同，因此藉由現今觀察到的現象可以回推過去曾經發生的事情，甚至預測未來的地形、地貌，均變論的想法於此慢慢確立。

繼萊爾之後，查理斯・達爾文 (Charles R. Darwin) 在小獵犬號的旅程中細心觀察自然界中的各種現象。受到萊爾的著作影響，他在《物種起源》的解釋中加入均變論的想法，提出「生物漸變論 (gradualism)」，認為生物演化是相當緩慢且穩定地產生變異才逐漸變成現在的模樣。同時，萊爾也認為達爾文的發現與化石研究結果能印證他的均變論。

從達爾文的時代到 20 世紀 70 年代，物種演化的解釋以均變論為主流，直到重新檢視恐龍滅絕這個大事件後，科學界開始出現不同的聲音。

為什麼大家都消失了啊？

生物們在地球上活躍的好景持續到白堊紀末期。突然之間，恐龍、滄龍、蛇頸龍、大多數的植物和無脊椎動物的化石同時大量減少，在新生代古近紀 (Paleogene) 地層中更是幾乎絕跡。科學家認為岩層中的化石之所以會大量驟減，應該是因為有很多生物在這段期間消失了。據估計，當時地球上約有 75% 的物種消失。為什麼會有這麼多生物消失呢？甚至連恐龍這麼強壯又大型的強勢物種也沒有例外，究竟當時發生了什麼事？如果自然界的歷史會不斷循環重複，同樣的事會不會又重演呢？

隕石撞擊？

70 年代末期，華特 · 阿佛雷茲 (Walter Alvarez) 和父親路易斯 · 阿佛雷茲 (Luis W. Alvarez) 發現白堊紀—古近紀交界處的岩層中可能蘊藏著隕石撞擊的證據。此後科學家在全球搜尋當年的撞擊坑，在墨西哥猶加敦半島西北緣，海陸交界處的地下發現一個類似撞擊坑的構造，直徑高達 180 公里。

由於沉積物中發現有高壓環境中才能產出的特殊石英，地層的年代又恰巧是白堊紀—古近紀交界，因此這個撞擊坑被認為是當年恐龍滅絕時外星撞擊地球所形成的，稱為「希克蘇魯伯隕石坑（Chicxulub Crater，圖 4–4）」。

根據模型計算，當時可能有一個直徑約 10～15 公里的彗星或小行星撞擊地球，使地殼熔融、破碎，撞擊時碎片四處紛飛，造成多處森林與草原大火；因撞擊事件發生在海岸，也引起大海嘯。大量灰塵飄散在大氣中，環繞整個平流層，遮蔽陽光數十年之久，使得陸地的植物以及海洋中的浮游藻類都無法行光合作用。撞擊點的地層含有石膏，更使撞擊碎屑中含有大量硫化物，在高空中形成酸雨。這一連串的災難導致全球大量生物滅絕，受害者不只有恐龍而已。

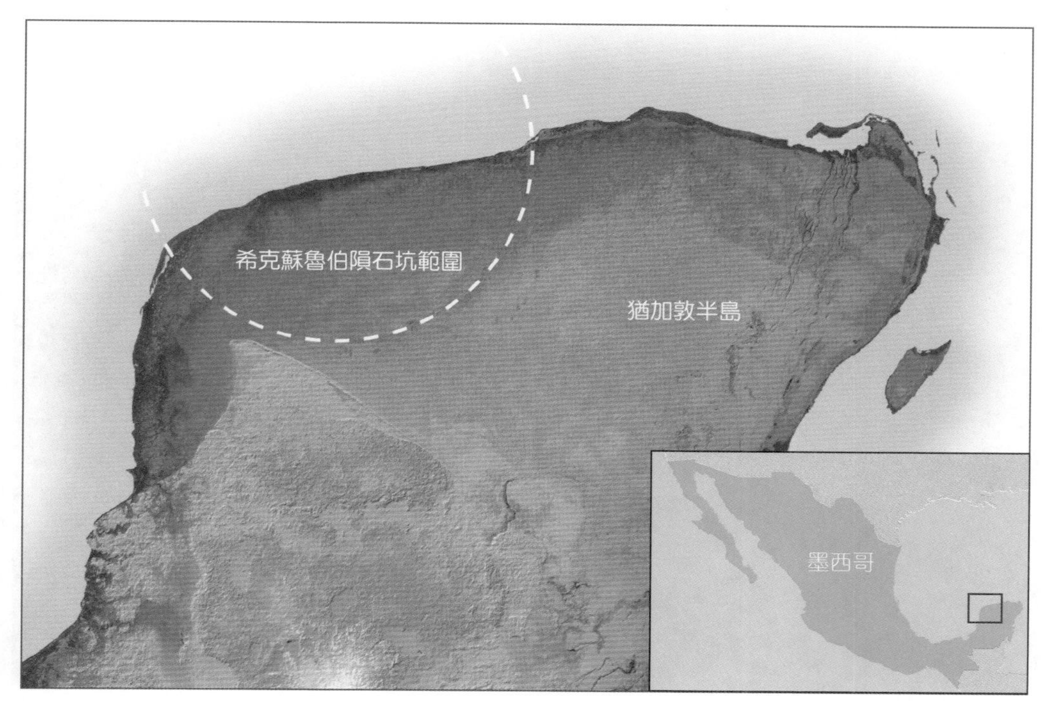

圖 4–4　希克蘇魯伯隕石坑的所在地

火山噴發？

科學家在印度德干高原發現了幾乎在同一時期形成的大量玄武岩（圖 4–5），因此有些學者認為當時可能不只有隕石撞擊，也有大量火山噴發。噴發量有多少呢？該處的玄武岩厚度超過 2,000 公尺，覆蓋面積超過 50 萬平方公里，總體積則超過 100 萬立方公里（推測原本應該有 150 萬立方公里，後來因為侵蝕作用而減少）。這麼大量的玄武岩大概在白堊紀末期（距今約 6,600 萬年前）由西高止山脈噴發形成。隨著火山噴發，從地球深處帶出來的不只是岩漿，還有二氧化硫、二氧化碳等許多氣體，

圖 4–5　印度德干高原的暗色岩（玄武岩）被認為是造成白堊紀—古近紀滅絕事件的關鍵證據。

這些氣體很有可能讓當時地球的平均溫度發生劇烈變化。

近 30 多年來科學家各持己見，對於導致恐龍滅絕的原因是隕石撞擊還是火山噴發爭論不休。最近則有一些科學家認為造成生物大滅絕的原因可能不只是隕石撞擊或火山爆發的單一事件，而是白堊紀晚期本來就有火山在噴發，加上隕石的強烈撞擊導致氣候改變。目前已經發現有好幾個隕石坑的形成時間與白堊紀—古近紀界線的時間相當，表示當時可能有許多隕石撞擊地球。大量隕石撞擊地球使火山噴發得更強烈，大部分的生物都因無法適應快速變化的環境而大量死亡、滅絕，恐龍也無法生存。而恐龍滅絕後，一些食蟲的小型哺乳類慢慢演化成體型較大的食肉動物，開啟另一個世代。

大滅絕

在白堊紀—古近紀的滅絕事件中，除了最有名的恐龍以外，大多數生物也隨之滅絕，如先前提到的鈣板藻、大多數的珊瑚、和珊瑚共生的海藻、菊石（圖 4–6）、以菊石為食的滄龍、大多數的硬骨魚等。

圖 4–6　不同種的菊石化石

根據化石紀錄，滅絕的海中生物大多是靠近海面生活的浮游生物或在淺海生活的物種，棲息在比較深海的生物則比較有機會倖免於難（圖 4–7）。

陸地上的植物種類可以利用孢子和花粉化石重建。在白堊紀－古近紀界線之前的白堊紀地層中，有豐富的植物和各類昆蟲，但是在滅絕事件後，植物和昆蟲的化石都變

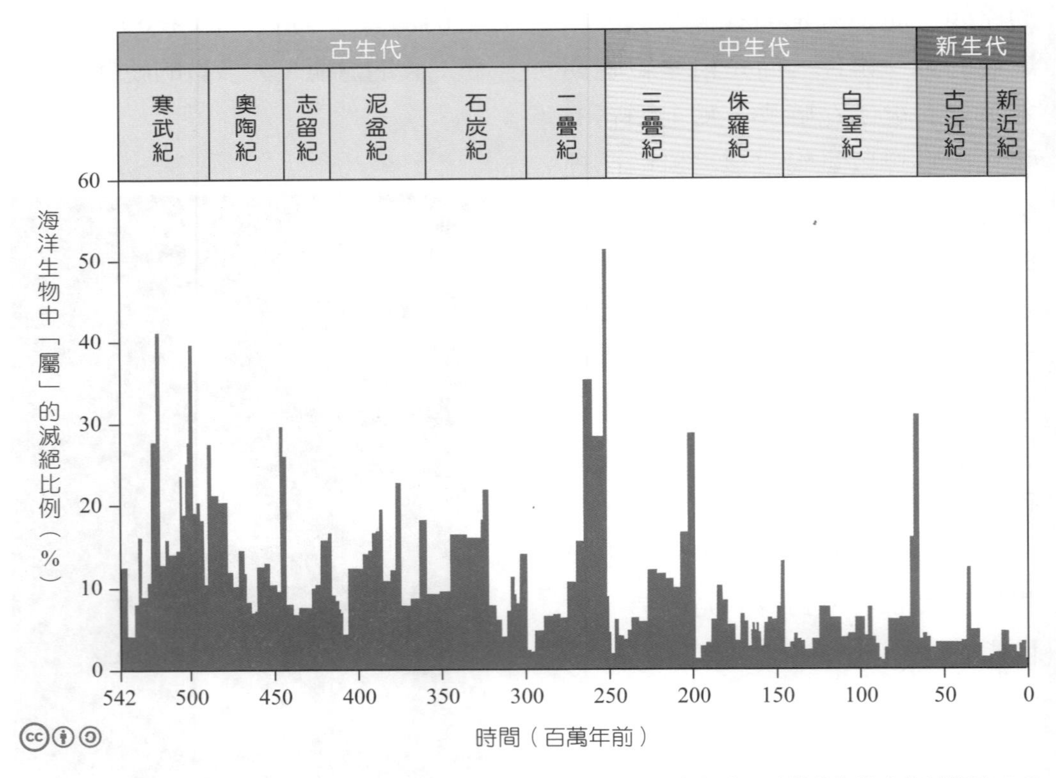

圖 4–7　在顯生元時期的海洋生物滅絕強度 ❶

少了，一些不太需要行光合作用的腐生生物則不減反增。在兩生類和爬蟲類中，大部分的兩棲動物都存活下來，但是有部分龜類滅絕；而在爬蟲類中，大型的恐龍因食物減少而消失，一部分由某一支系恐龍所演化出來的帶毛恐龍（古鳥類）則倖存下來，慢慢演化成現今的鳥類；大多數的哺乳類也滅絕了，剩下體型較小的種類，後來成為將新生代營造為「哺乳類時代」的始祖。

從均變論轉變到新災變論的關鍵旗手

1970 年代，大多數的科學家認為恐龍滅絕的過程漸進而漫長，是一個種接著一個種因為不能適應氣候變化而死亡，直到白堊紀末期才完全滅絕。從當時出土的化石紀錄看來，的確很像是那麼一回事。直到加拿大的羅素 (Dale Russel) 仔細檢視恐龍化石的地層紀錄，認為化石在某個時間點突然大量消失，恐龍應該是突然滅絕的。但是恐龍的數量這麼多，體積又這麼大，到底是什麼事件會造成這種程度的滅絕？想了又想，大概只有天外飛來的災難能解釋吧！於是他提出是鄰近地球的超新星 (supernova) 爆炸，產生的輻射殺死了地球上大部分的生物，後來又修改成是超新星爆炸引起大規模氣候變化造成恐龍滅絕。

「突然出現的災難」造成恐龍滅絕的說法，在當時仍擁護著均變論和生物漸變論的古生物學家們眼中是無法接受的謬論。其實科學家從很早期就注意到白堊紀—古近紀界線的黏土地層，也對其上下地層仔細研究了一番。華特．阿佛雷茲在義大利古比奧 (Gubbio) 同樣年代的地層找到了有孔蟲化石，但是在黏土層之上和之

註解 ❶此圖並未包含所有曾經存在的屬。因為有些生物無法保存化石，所以只有統計順利留存下來且知道是何種「屬」的化石在滅絕前後的改變。

下的有孔蟲種類差異相當大。支持均變論的科學家們認為這層黏土層應該經過相當長的時間沉積，萊爾甚至認為，對比白堊紀末期和古近紀初期的生物化石，這層黏土層應該歷經了約6,300 萬年的堆積，生物才會有如此大的歧異。

圖 4–8　華特．阿佛雷茲和父親路易斯．阿佛雷茲站在白堊紀—古近紀交界的岩層前，華特手指著岩層凹縫處的黑色黏土層被稱為「交界黏土層」，其中蘊藏著恐龍滅絕的祕密。

在華特研究古比奧地層的時候，正是海洋地質學突飛猛進的時期。仿照科學家探測海洋地殼磁極分布的方法，華特確定了黏土層上下岩層的時間，發現黏土層的堆積時間應該不會超過 50 萬年，這樣一來，用漸變論很難解釋「在（地質上的）極短時間內，生物累積大量的歧異」。於是華特求助身為物理學家的父親路易斯．阿佛雷茲，利用放射性同位素來確定更精確的黏土層堆積時間（圖 4–8）。

阿佛雷茲父子希望用來定年的放射性元素同時適用於有孔蟲形成的石灰岩和黏土層，於是把目標瞄準在隕石塵埃裡才有的元素。不同於大隕石偶爾才落至地球，隕石塵埃隨時都在地球各地飄送，如果可以計算出該元素在隕石塵埃中的累積含量，就可以推敲出黏土層堆積的時間。

後來路易斯．阿佛雷茲選中了鉑族元素中的銥元素。鉑族元素的原子量高，是相當重的元素，地球和其它星體形成的時候，表面都富含這些元素，但是地球因為經歷過分化作用，所以比較重的元素都因密度高而沉入地核，地表幾乎找不到鉑族元素。

阿佛雷茲父子認為，如果黏土層是慢慢堆積而成的，就會接收到不少隕石塵埃，銥元素含量應該會達到 0.1 ppb ❷ 左右；如果黏土層是快速堆積而成的，隕石塵埃裡的銥含量則會少到無法測得。結果令人驚訝，銥元素含量竟高達 3 ppb，是原本預測的 30 倍！而且不只是義大利的地層剖面，西班牙、丹麥和太平洋等地的鑽探岩芯裡都有銥元素含量異常的現象。

這個發現不僅吸引不同領域的科學家開始用不同方法來討論恐龍滅絕這個問題，對原本篤信均變論的古生物學家也造成衝擊，使他們重新思考在白堊紀末期到底發生了什麼事，並開始建構出以下情節：有一個異常大的隕石撞擊地球，隕石撞擊後揚起大量塵埃，並飄降在世界各地，堆積出銥含量異常高的黏土層。由於撞擊地點位在淺海，而海底的地層中含有大量的石膏與碳酸鈣，因此撞擊時產生大量硫酸，這些硫酸進入大氣層後遮住陽光，也造成酸雨，使生物大量死亡。

此番推論固然合乎邏輯，但若沒有證據，終究只是憑空編造的故事——要找到隕石坑才算數，而且這個隕石坑想必又大又深。然而當時並未發現規模夠大的隕石坑，於是大家心想：這個隕石坑要不就是被蓋住了；要不就是藏在冰層底下；要不就是因為隕石砸在海洋地殼上，隨著板塊運動隱沒到地下，所以消失無蹤了吧？幾經波折以後，終於在猶加敦半島上找到了這個隕石坑。

註解 ❷ ppb: parts per billion，即 10 億分之一，1 ppb = 1 μg/kg，代表每公斤中有 1 微克的含量。

原來是因為強烈的撞擊讓當地的沉積岩和大陸地殼混在一起，看起來就像是海洋地殼的成分，再加上噴到大氣後再結晶的礦物和構成海洋地殼的礦物相去不遠，科學家們才會兜一大圈才找到。

確立了隕石撞擊事件造成地球生態的改變後，原來執著於均變論的科學家也不得不改變想法，承認災變滅絕說。不僅是白堊紀－古近紀界線這等大滅絕，小型的撞擊事件也會帶來區域性的生態變化。隨著愈來愈多的撞擊事件被揭露，科學家也開始相信有很多的生物滅絕事件的確與隕石撞擊有關，像是泥盆紀後期滅絕事件、三疊紀－侏羅紀滅絕事件，都發現有隕石撞擊的證據。於此，均變論重新改寫，確立了「新災變論」。

再思這科學史上的重要一役

達爾文撰寫經典名著《物種起源》的時候，英國學界已經知道恐龍，也體認到恐龍被後期崛起的哺乳類取代的生物界興衰史，但是基於達爾文演化論的基本假設——演化是緩慢而連續的，對於上下地層紀錄中化石成分的遽變很難解釋。達爾文把這個現象歸因於「地層紀錄的不完整」，意指當年在英國及歐洲其它地方所看到的地層紀錄是不完整的，在白堊紀與古近紀的地層之間缺乏沉積，因而沒有留下「恐龍逐漸被哺乳類取代」的過程紀錄。因為陸地所能找到的地層紀錄有限，也容易被侵蝕掉，因此他寄望日後能在海洋中找到完整的紀錄。多數讀者並未留心或是在意這個論點當中「保留」的部分，或者說是這個論點成立的「但書」，儘管這是地質學（或沉積學）中懸而未決的問題，整個生物學界在《物種起源》發表後的100年間卻沉浸在「均變論」的解釋中，甚至把這樣的解釋視為一種定律或信仰。

1968年，國際深海鑽探計畫上路，往後10年間從全球深海中鑽取、研究海下數百公尺的沉積物，對於白堊紀以來的地層紀錄、地磁變化、海洋微生物變化的認知有了巨大的進步並更加深刻。回過頭來，對於留存在陸地上的古老海洋沉積地層也有了新的認識以及再次檢視的機會，阿佛雷茲父子在義大利古比奧的研究就是從這樣的背景中開展的。

當時年輕的華特·阿佛雷茲夢想要做出影響深遠的研究成果，以便能在他任教的加州大學柏克萊分校當上教授。他與父親商量，決定挑戰達爾文當年解釋恐龍化石在地層中突然消失的「方便」解釋，也就是「地層紀錄不完整」的假說。而研究的方法就是分析界線地層中「天外飛來宇宙塵埃」的濃度，宇宙塵埃的濃度很低，一般的背景值是「百億分之一」，假設地球上有100億人口，要從中找到你的機率就是100億分之一。要找到並測定地層中鉑族元素的含量就像要在全球的茫茫人海中找到你一樣難。

他們假設從天外飛來降落地球的宇宙塵埃量是固定且微小的，那麼只要測出義大利地層界線中的鉑族元素含量，就能得知這薄薄的一層黏土到底累積了多長的時間。如果測出的含量很低，可能僅只累積短短數萬年；如果含量很高，就代表這個黏土層是原來的海洋鈣質沉積物❸被溶解掉了，只剩黏土物質

註解 ❸參見圖4–8，界線黏土層上下的地層顏色比較白，含有大量碳酸鈣，近似英國多佛海岸的白堊沉積。

被留下來，而累積多年的鉑族元素就被濃縮在這個黏土層中，由濃縮的程度可以推算出這層黏土代表的年代大約有多長。

分析結果發現該黏土層的宇宙塵埃濃度至少是背景值的30倍，之後其它地區的界線黏土中甚至發現有濃度高達100多倍的。按照原來的邏輯，這麼高的濃度代表中間經歷了很長的時間，可能有數千萬年之久——然而這是不可能的，當時海洋地層的研究成果直接推翻了這個推論。另一方面，各地的濃度為何不同也無法解釋，唯一的合理解釋就是：

1. 白堊紀結束時有一個或多個大隕石撞擊地球，才會在短時間之內帶來這麼大量、星體核心內部才有的重金屬元素。
2. 距離撞擊點近的地方理應收到較多落塵而含有較多的鉑族元素，各地界線黏土中的鉑族元素多寡，反映的是該地距離撞擊點的遠近。

阿佛雷茲父子把鉑族元素濃度異常的現象歸因於外來隕石撞擊，但這是唯一的解釋嗎？鉑族元素一定要從外星帶來嗎？是不是也可以來自地球本身呢？例如來自地球內部的地函，經由大量而持續的火山爆發，把地球內部的物質噴發到空中，再降落至世界各地？事實上，「德干高原」的厚層玄武岩就被提為火山噴發的證據，視為恐龍滅絕的原因之一。

結語

科學知識是由觀察、實驗與假說逐步構成，當新的證據出現時，舊有的、被視為正宗的假說會受到嚴苛的挑戰。我們從教科書上讀到的理論並非牢不可破的真理。自然歷史的學問經常受到這樣的試煉，過去如此，未來也還會繼續受到各種檢驗，這就是科學，也是科學的方法與態度。理性思考、細心求證、勇敢改變，是科學之所以為科學，也是科學真正有趣的地方。

我思╳我想

1► 科學家如何重建恐龍生存的環境與行為樣貌？

2► 為什麼會有「災變論」、「均變論」的出現？

3► 恐龍滅絕的研究中提出哪些證據支持「新災變論」？

參考資料

- Walter Alvarez (1999).《霸王龍的最後一眼》。何穎怡譯。臺北：新新聞文化出版。
- Wikipedia. Catastrophism. Retrieved from https://en.wikipedia.org/wiki/Catastrophism.
- Wikipedia. Uniformitarianism. Retrieved from https://en.wikipedia.org/wiki/Uniformitarianism.
- Wikipedia. Charles Darwin. Retrieved from https://en.wikipedia.org/wiki/Charles_Darwin.
- Wikipedia. Neocatastrophism. Retrieved from https://en.wikipedia.org/wiki/Neocatastrophism.
- 林明慶（2016 年 7 月）。科學 Online——高瞻自然科學教學資源平臺。災變論、均變論、生物漸變論與間斷平衡說（上）。檢自：http://highscope.ch.ntu.edu.tw/wordpress/?p=73207。
- 林明慶（2016 年 7 月）。科學 Online——高瞻自然科學教學資源平臺。災變論、均變論、生物漸變論與間斷平衡說（下）。檢自：http://highscope.ch.ntu.edu.tw/wordpress/?p=73208。

5

公有地的悲劇

難解的賽局

文／魏國彥、吳依璇、蔡佩容

雙溪谷地的故事

好久好久以前，有兩條溪流分別從東邊和西邊的丘陵地匯流到一座山谷，形成一片水草豐美的草地，慢慢有點名氣了，就有人把這裡叫做「雙溪谷地」。

谷地裡碧草如茵，東、西兩村的人都把羊群帶到這裡來吃草。白天，兩村的牧童趕著羊來，三五成群，自由地倘佯，自在地吃草。碧綠的草原上點綴著白色的羊兒，牧童們或是躺著看白雲，或是相互追逐嬉鬧，人們過著悠閒平淡的田園生活。

後來，東邊的村落裡出現了一個有錢人，他買了很多羊，雇了很多工人。每天早晨，工人帶著牧羊犬，驅趕數以百計的羊群來到這片草原，甚至宣稱這塊牧草地是屬於東村的，把西村來的牧童與牛羊都趕走，兩個村落的居民起了衝突，甚至打死了人。於是事情鬧大了，驚動了縣太爺，他帶著縣衙門的捕快和衙役趕來鎮壓與調停。這是一位慈愛又公正的縣官，他懲治了東村的富人，把他的羊群充公，並按人口比例公平分配給兩個村落的居民；他正式宣布：這塊豐美的草地是公共牧場，所有人都有資格帶牛羊來這裡吃草。還不只如此，流過村落的兩條溪流也屬於公共用水，所有人都有權力到溪邊取水飲用，也可以洗衣服。從此，兩個村的村民過著和平、幸福的日子，路上逢人都說：「老縣官，真是青天大老爺啊！」

漸漸地，東、西兩村的居民生活愈來愈富裕，人口愈來愈多。為了賺到更多錢，過更好的生活，每個人都想著如何生養更多羊，因為牧場是公家的，賺到的錢是自己的，

不用白不用，於是雙溪谷地的牛羊愈來愈多了。溪邊的居民也就地利之便開起屠宰場、洗衣場、皮革廠、客棧、酒莊……，這些設施所產生的血水、糞便、廚餘、垃圾、肥皂泡沫……全都直接排送到小溪裡去。谷地裡的草還沒長高就被成群的牛羊啃得精光；灌溉草原的溪水也變得稀少，流過來的一點點水又臭又髒；草地變得枯黃，甚至根本就長不起來了，有些地方已經變成一片荒土，來往的牛羊踐踏後甚而揚起陣陣黃塵。

公共牧場失去了青草，牛羊就餓死了；河水乾涸、發臭了；原本會來兩村觀光遊憩的旅客也不來了，村民的經營的飯店、牧場、肉舖、土產店、皮革廠等紛紛倒閉；許多人甚至得了怪病……年輕人一個接著一個離開家鄉，最後只剩下一些氣息奄奄的老人，像幽靈一樣在乾枯的旱地上拾荒；在貧窮的生活中掙扎。他們一想起以前的好日子就嘆息或哭泣，到谷地邊為紀念老縣官而蓋起的寺廟，向老縣官的神像祈福，緬懷往日榮光。雖然雙溪谷地及東、西兩村都荒涼、沒落了，這間小廟依然香火鼎盛，供奉不衰。

烏托城的故事

距離兩村幾十公里外的地方有一座大城，名叫「烏托城」。從雙溪谷地和東、西兩村逃出來的人到這裡落腳，有人在公司上班，有人在城郊的工廠做工。年輕人的生活有歡笑，也有苦悶，盼望每4年舉行一次的選舉能選出比較照顧年輕人的市長。

選舉快到了，現任市長宣布：到年底之前，所有的公共停車場暫停收費，方便市民停放汽車及摩托車。第八號及十五號公園預定地要

改編成住宅用地，蓋「青年住宅」，如果他當選連任，會把蓋好的「合宜住宅」免費配發給青年居住，房租可以等到 10 年後，青年們事業有成時再慢慢攤還。為了鼓勵生育，將來的新生兒每年可以領到 30 萬元的「養育補助費」。他的競爭對手不甘示弱，開創更美好的願景：以後年輕人從小學到大學的學費都由市政府支出，因為「教育最重要！振興靠人才！」另一位候選人則宣稱當選後要加發「老人年金」，於是東、西兩村的老年人開始把戶口遷移到烏托城，要來投票支持這位候選人。

現任市長相當受到年輕族群的支持，週末夜他在河濱公園辦理電音狂歡派對，許多青年來這裡喝啤酒、聽電音、大聲嘶吼、盡情發洩，年近半百的市長也跟著又唱又跳，鬧到清晨 5 點鐘，天濛濛亮了人潮才散去。住在河岸邊的居民、青蛙和野鴨被吵得一夜無眠，只好在白天睡覺。

往後誰是下任市長還在未定之天，政治評論家認為，這次選舉輸贏的關鍵在於哪位候選人能夠釋出更多的「公共資源」，以及哪位候選人能夠得到中央政府的許可，提高更多舉債空間，以便抵押更多公共資產、發行更多公債、借到更多市政基金來蓋免費的青年住宅，徹底落實「青年有其屋」政策。

兩個故事的寓意：公有地的悲劇

個別的人相當精明，會為自身的利益做打算。上述的兩個故事中，不論是個別的村民、市民，甚至是古代的縣官或現代民選的市長，都很聰明地把自身利益最大化，唯一被犧牲的是不屬於任何個人的「公共財」──牧場、溪流、公園和稅收。在雙溪谷地的故事裡，那片豐美的草原、那兩條流經村落的清澈溪流，都不屬於個人所有，而是「公家的」。當人口稀少、工具簡陋、生產力低落的時候，這些公共領域的環境品質和生態環境都沒有受到太大的擾動或破壞。後來有人積極經營又想獨占，引來了老縣官的干預。縣官以公權力確定這片草原與兩條溪流的「公共性」，也得到村民們的衷心支持，因為所有人都從中得到好處。

經營畜牧的人一心只想要養更多牛羊，把牠們驅趕到那片公共牧場去，因為只要牠們多吃一口青草，就多賺到一點，於是新生的草芽還沒長大就被啃食一空，這個牧場的青草很快就被吃光。更麻煩的是，滋養這片草原的兩條溪流也被慈祥又「公正」的縣太爺公共化了，兩岸居民都抱持著不用白不用的心態，能多用一點水，就多用一點，因為多用就等同多賺。而這其中還包括各種汙染行為。初期溪流的水量還夠，所以生態系統還算健全，可以沖走、化解汙染物。久而久之，水不夠了，水質也壞了，生物也死了，分解廢棄物的功能也廢了，溪流就跟死亡無異，連帶下游的雙溪牧場也跟著遭殃。

私人利益的成長與擴張，來自人類追求利益最大化的理念。攫取公共財愈多的人，獲得的利潤愈高，生活品質愈好、社會地位愈高，甚至會成為社會楷模或奮鬥成功的典範。把牧場與溪流正式「公共化」的縣太爺不但在世時得到民眾的感恩與擁戴，死後還可以留名青史，受到長久的禮敬與祭拜。然而，牧草與溪流公共化的結果就是「竭澤而漁」，就是「殺雞取卵」，註定了枯竭、汙染與被破壞的命運，甚至可能萬劫不復，永遠不能恢復生機。這個故事真實發生在人類社會中，也可以當成「預言」來看，最早由生態學者哈定 (Garrett Hardin) 在 1968 年提出，被稱為「公有地的悲劇」。

「烏托城」的故事就發生在現代，發生在我們生活周遭，政治人物與市民持續剝削各種「公共財」。在這個故事裡，公共空間變成免費停車場；河邊的空地變成電音派對狂歡的場地；市民繳交的稅金變成公共住宅的建築費用、養育補助費及老人年金，遺留更多債務負擔給後代子孫。同時，我們的「公共」空氣中被噴放更多的溫室氣體；我們的公共水域——河流及海洋，被沖入更多的重金屬及塑膠碎片。這些公共領域的資源被大量耗用、透支，遲早有一天，我們的「烏托城」會變成「東、西兩村」，而我們的大氣與海洋，也快要像「雙溪谷地」一樣徹底敗壞。

囚徒困境

在繼續談論公有地的悲劇之前，我們要先瞭解經濟學中討論的一種概念——囚徒困境。這個概念源自一個虛構的情境，欲探討人在「維護全體利益」和「獲取自身最大利益」這兩者之間會如何抉擇。想像你是一名嫌疑犯，和你的同夥一起被逮捕了，但警方沒有足夠的證據指控你們兩人有罪，於是把你們隔開，分別進行秘密談話，提供以下的選擇：

1. 如果其中一人認罪並檢舉對方（背叛），但另一人不認罪，那麼認罪者會立即被無罪釋放，不認罪者則須坐牢 10 年。
2. 如果兩人都不認罪（合作），則兩人都須坐牢半年。
3. 如果兩人都認罪並檢舉對方（互相背叛），則兩個人都需要坐牢 5 年。

在這種無法交流的情況下，如果你和你的同夥只考慮自己，不在乎對方，思考的方向大概會如下所述：

表 5-1　你和同夥的選擇及選擇的後果

	同夥沉默（合作）	同夥認罪（背叛）
你沉默（合作）	二人共同服刑半年	你服刑 10 年；同夥立即獲釋
你認罪（背叛）	同夥立即獲釋；你服刑 10 年	二人共同服刑 5 年

1. 如果我不背叛對方，對方也不背叛我，我們都要蹲半年苦牢，但是如果對方背叛我，我就得自己坐牢 10 年。
2. 但是如果我背叛對方，對方沒有背叛我，我根本不用坐牢。
3. 大不了我們就互相背叛，一起坐牢 5 年。
4. 反正想再多也不知道對方到底會不會背叛我，為了不要自己坐牢 10 年，我乾脆先背叛對方好了。

在追求自身利益最大化的理性思考下，一般都會落入背叛對方的選擇，最後的下場會是兩人都坐牢 5 年。想一想，如果雙方願意各退一步選擇合作，只要坐牢半年就能獲釋，雖然自己不能獲得最大的利益，但也不會導致最壞的結果。其實雙溪谷地、烏托城的故事和接下來的現實案例都如同這經典的「囚徒困境」，如果大家願意合作，也就不會造成環境問題持續惡化，然而正因每個人都只想追求自身利益，才使得公有地的悲劇一齣又一齣地不斷上演。

現實案例一：臺東縣金崙溪流域

臺東縣南迴鐵路線經過的金崙溪流域是一個樹枝狀水系，主流發源於金峰鄉衣丁山東麓，先流向北北東，匯集了源自南大武山、茶仁山的溪河水流，再轉向東南方，流入太麻里鄉賓茂村，最終於金崙村南側注入太平洋（圖 5–1）。

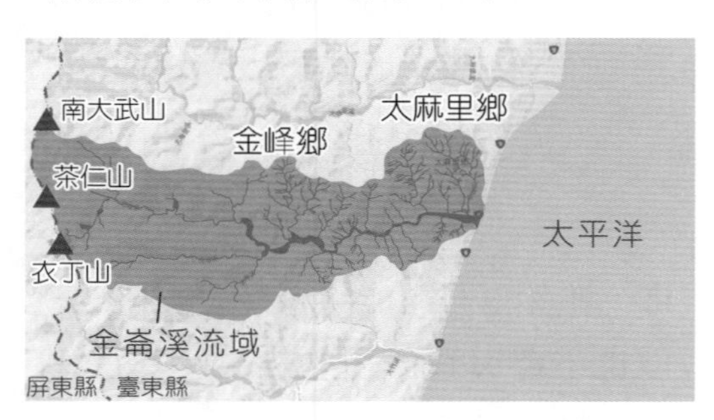

圖 5–1　臺東縣金崙溪流域

這條金崙溪流傳著原住民族的神話傳說，吸引很多人來觀光遊憩，最熱門的活動是泡溫泉、撈魚苗、看日出。這裡的地質條件相當特殊，脆弱的岩層有很多裂隙，蘊含大量地下水，而陡峭的地形和陡峭的地溫梯度❶使金崙溪各處冒出一圈又一圈的溫泉水，登山客申請入山證來到此處，為的就是在坡度陡斜、大塊削切的岩塊拱衛間享受野溪溫泉。

從日據時代開始，類似的野溪溫泉都屬於公共領域。1997 年起，政府將金崙地區納入地方產業發展計畫區，以《促進民間參與公共建設法》與《原住民個人或團體經營原住民族地區溫泉輔導及獎勵辦法》為法令依據，鼓勵民間投資，在公有地及公有原住民保留地開發渡假村、溫泉民宿等。

在 2003 年《溫泉法》❷及其相關子法頒布之前，承襲日人的開發，臺灣早已四處都有溫泉遊樂區的蹤影，但是大部分都缺乏深度管理與永續規劃。好不容易有了《溫泉法》規範，溫泉區的開發、經營管理等調查結果紛紛出爐，無論怎麼評估都發現明顯有過度超抽、生態破壞、岩層變得脆弱、河川汙染等隱憂。

整條金崙溪兩側的公、私有土地交錯，由於劃設的過程相當複雜錯亂，造成不連貫的公有地、廢棄的公共溫泉汲取設施，與當地的原住民老人家“vuvu”（排灣族語，指祖輩、老人家）的田地交錯並存。這些土地一會兒歸日人官有、一會兒歸國民政府國有，或為族人僅有

圖 5–2　金崙溫泉一號井排氣管，雜草因廠區荒廢而高長。

使用權的「山地保留地」。歷年來，政府在公有地上建設了溫泉開發井、停車場、塑膠工廠等，但因當年過度樂觀、規劃不當，建好之後經營困難，現在都荒廢了（圖 5–2）。私有地上則有一些人（本地人和外地人都有）受到資本主義的威脅利誘，在鬆散的法律管制下開設民宿、溫泉旅館、渡假村等；加上近年政府推動「綠能」，鬆綁了一些土地

註解

❶ 地溫梯度：地下的溫度會隨著深度增加而升高，地溫梯度為每單位深度的溫度變化。

❷ 完整的《溫泉法》內容可至水利法規查詢系統搜尋：https://goo.gl/Qbe2qz。

開發的限制，開始在這裡開挖地下溫泉井，進行小型的地熱發電實驗，使得整個金崙溪流域新舊開發此起彼落，荒廢的廠區與新興的建物比肩並存，河流生態系被分割，景觀雜亂；原住民的土地使用權被賤買，文化傳承漂零蓬斷，居民的收入與產業發展時好時壞、時興時敗。

金崙溪流域的幅員不大，境內擁有的地熱與溫泉資源、野溪自然景觀，加上陡峭地景和殘存的原住民文化風情，都被視為天然的公共資源，歷年來在「溫泉開發」、「地熱」、「發展偏鄉產業」等名目，以及各種時鬆時嚴的法令管制下被開發耗用。金崙溪部落的遭遇就像第一個故事裡的「東、西二村」，而政府對於公有地和公共領域的資源運用就像兩個故事裡的縣太爺與民選市長，持續演出公有地的悲劇。

現實案例二：海洋危機

臺灣四周環海，過往因為政策的關係，民眾和海洋之間存在一道隔閡，不是對海洋有所恐懼而不敢接近海洋，就是還停留在「海邊沒有人管，在那裡丟垃圾也不會怎樣」的舊思維，紛紛將不想看到的垃圾、廢棄物往海邊扔。反正其他人看不到、聞不到；政府部門也找不到、抓不到。久而久之，海邊常出現一堆堆的廢棄物。你有沒有想過這些廢棄物從哪裡來？又會到哪裡去？

海邊的廢棄物簡稱「海廢」，仔細觀察的話會發現來源相當紛異，看看部分垃圾的標籤，有些來自本土陸地；有些則來自其它國家，看起來曾經在海上漂流許久（圖5–3）。這代表不只有臺灣人，其它國家的人民也會在海邊亂丟垃圾，而這些垃圾在被棄置、匯集到岸邊之前，會在海上漂流好一段時間，不是丟到海裡就會消失那麼簡單。

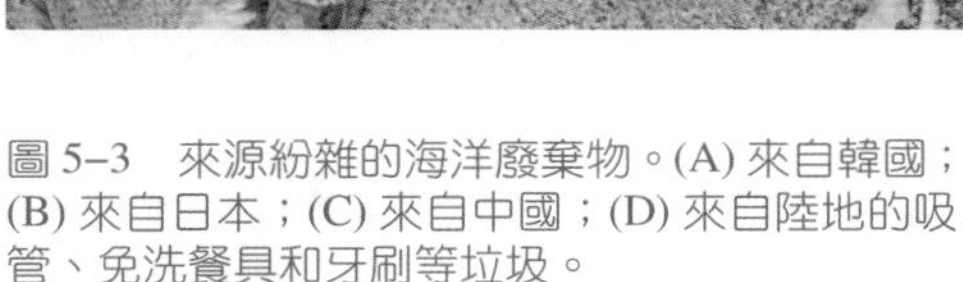
圖 5–3　來源紛雜的海洋廢棄物。(A) 來自韓國；(B) 來自日本；(C) 來自中國；(D) 來自陸地的吸管、免洗餐具和牙刷等垃圾。

垃圾丟了就丟了，跑到別人家就跑到別人家了，又會有什麼影響呢？這些垃圾會逐漸在大洋中形成一座「島」，長久地侵蝕環境。現在三不五時會在海灘上發現有海洋生物因為被垃圾纏繞或誤食垃圾而喪命，像是鯨豚、海龜等，最有名的是在太平洋中間的中途島上拍攝到海鷗滿肚子垃圾的照片。臺灣的海岸線也充斥著各式各樣的海廢，四處散落的垃圾成為常見的海岸景觀（圖 5–4）。這些垃圾會置許多生物於死地，或破壞各種生物的棲息地，威脅生物的生存。

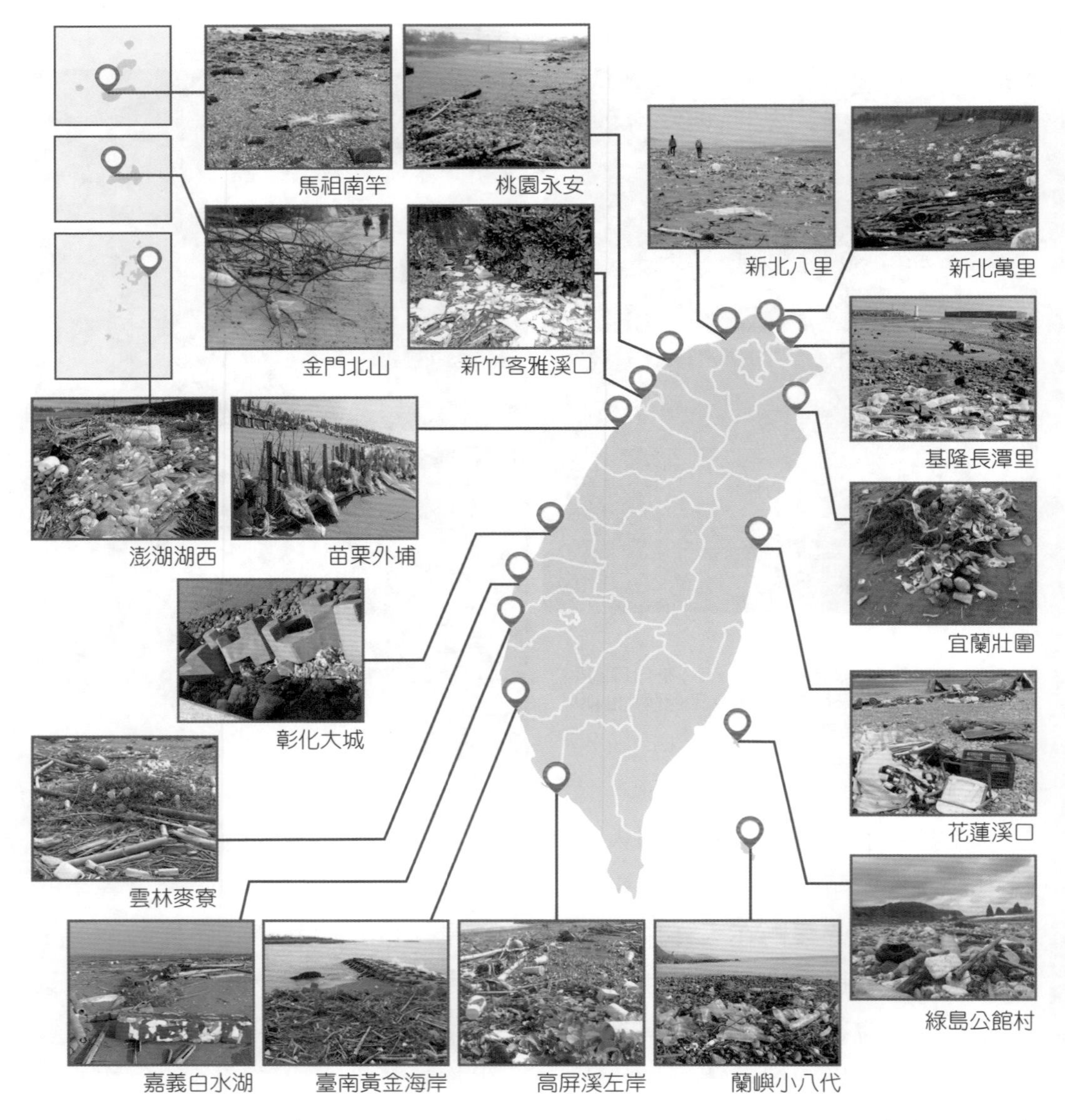
馬祖南竿
桃園永安
新北八里
新北萬里
金門北山
新竹客雅溪口
基隆長潭里
澎湖湖西
苗栗外埔
宜蘭壯圍
彰化大城
花蓮溪口
雲林麥寮
綠島公館村
嘉義白水湖
臺南黃金海岸
高屏溪左岸
蘭嶼小八代

圖 5-4 臺灣海廢地圖 ❸

在海上漂流的垃圾對人類又有什麼影響呢？最新研究發現，許多小魚體內都含有塑膠微粒。臺灣周圍的海洋也充滿了塑膠微粒，這些塑膠微粒已經藉由海洋生物食物鏈進入人類體內。雖然目前尚未確定塑膠微粒對人體有什麼影響，但是這些事件再再地警告我們，人類自私的行為將會回過頭來危害到自身。

海洋議題有很多，海廢只是其一。在執法不易或是沒得管的公海地區，常常會有過漁（過度採撈魚類、貝類等海產）的問題。在大家不注意的時候，漁民為了多賺一點錢，會想盡辦法多撈一些魚，甚至出現惡性競爭。今天你換大一點的船多撈一些；明天我換更大的船多撈一些；後天他換更密的網多撈一些；大後天我再換更多更密的網多撈一些……魚群們來不及長大就被捕撈上岸，成為我們的桌上佳餚，環境生態還沒恢復就被破壞殆盡。漁民發現捕到的魚愈來愈少以後，又用更大的船和更密的網子往鄰近海域或更遙遠的國度去捕撈，更大範圍地危害海洋生態。現在雖然有法令禁止沿海地區使用底拖網❹，但是有時還是會發現有其它國家的船隻偷偷用底拖網捕魚，連小魚也不放過。

過度捕撈的議題非常不容易處理，除了直接影響漁民的生計以外，執法也難以落實，目前是用漁船登記、設立海洋保護區等方式稍稍抑制，但是效果不彰，只能藉由不斷呼籲和教育來影響漁民。

註解

❸未標示照片的地區並不代表沒有海廢。

❹底拖網：一種重型捕撈工具，將漁網沉至海底拖行，網底加上滾輪、鐵鏈，甚至通電，藉由電流或機具發出的聲響，將藏身在礁石下的魚群和蝦蟹驅趕出來再一網打盡。

圖 5–5　北京被霧霾籠罩的前後對照

現實案例三：空氣汙染

近幾年來「霧霾」這個名詞出現的頻率大幅提高。霧霾是指懸浮在空氣中的微小固體顆粒，因為懸浮在空氣中，呼吸的時候會跟空氣一起吸入體內。這些微小顆粒可能是一些灰塵、氮氧化物、硫酸鹽、碳氫化合物等物質的集合體，吸進人類體內可能會引發呼吸系統疾病、鼻炎、支氣管炎、肺癌等，更有甚者，還可能會危害到心臟、大腦等重要器官，誘發心臟病、痴呆等病症。

為什麼霧霾愈來愈常出現、愈來愈常被提及？霧霾是一種嚴重的空氣汙染，早在 19 世紀到 20 世紀中期英國倫敦就以「霧都」著稱，而籠罩霧都的濃霧其實就是這些固體顆粒，源自當年大量燃煤的排放物。現今除了燃煤以外，還有汽、機車等交通工具排放的廢氣會造成空氣汙染。這些廢氣進入大氣中，和陽光、水分發生化學反應後，會在接近地表的地方形成懸浮顆粒，在都市地區尤其容易見到（圖 5–5）。

早期偶爾會在路邊看到農民燒稻草，燃燒產生的煙又濃又臭，常常會遮蔽半邊道路。這些農民利用燒稻草增加田地裡的養分，卻無法控制燒出來的濃煙往哪裡飄，時常妨礙到用路人的安全。同樣的道理，為了經濟發展，工廠排放廢氣，讓全人類被迫接受汙染的空氣。不只是臺灣自己製造的廢氣會飄到別的國家去，別的國家產生的廢氣也會飄到臺灣來。每個人都知道製造空汙會危害健康，但是空氣中的懸浮顆粒很容易飄散，製造者及其鄰近地區往往沒有深刻的感受，反而是遠在百里甚至千里之外的下風處受到嚴重傷害（圖 5–6）。加害者在遠方，甚至在另一個國度，讓空氣汙染成為最難治理的一種公害。

燃燒煤炭、石油等化石燃料除了會製造出懸浮微粒之外，也會排

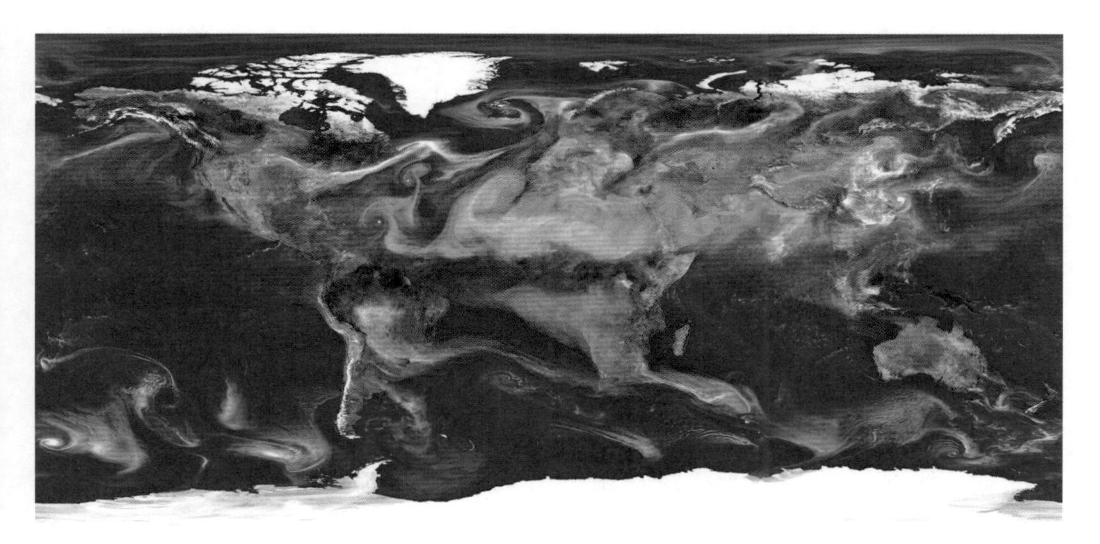

圖 5–6　NASA 模擬全球懸浮微粒的分布情況。偏紅的部分是從地表揚起的沙塵；藍色的渦旋是海鹽；綠色的煙是燃燒所引起的；白色的硫化物粒子則來自火山噴發以及化石燃料所排放。

放大量無味、無臭、無毒的二氧化碳，短時間內暫時無害。然而二氧化碳進入空氣中隨風旅行，不用護照、無遠弗屆，不斷在我們的大氣中累積，可在空中遊蕩數百年。二氧化碳是一種溫室氣體，地球表面大氣中的溫室氣體能調節氣候，濃度低的時候，地球表面會降溫；濃度高的時候，地球表面則會升溫，過與不及都會為地球帶來災難。18世紀工業革命以來，人類愈來愈倚賴煤炭和石油供給能源，200多年來，每年都比前一年排放出更多的二氧化碳、甲烷等溫室氣體，於是地球表面愈來愈熱，也就是大家常聽到的「全球暖化」。

追本溯源，大氣也跟第一個故事的兩條溪流一樣，被人們當作「公有地」，無論是已開發的國家，抑或是開發中的國家，各國都爭先恐後地朝人類的「公有天空」排放更多的廢氣，這個情況方興未艾，不知伊於胡底。

「公有地的悲劇」的教訓與人類永續

從「雙溪谷地」到「烏托城」這兩個虛構的故事中，我們看到「公有地的悲劇」，彰顯出「公共領域」或「公共財」容易被人類濫用，最終造成環境惡化、無法永續經營的悲慘境遇。這些故事都在說明同一件事：每個人都為了讓自己的利益最大化，最後損害到所有人的利益。

無論是一條河川的利用、一個村落的發展、一座城市的治理，甚或是全球的汙染問題以及資源利用都可以從「公有地的悲劇」得到啟發，重新思考人類的生存策略，避免犯下同樣的錯誤。

要如何阻止公有地的悲劇發生？目前認為可以將公地私有化，

交予某人擁有或管理的權力，如此一來，擁有者為了讓自己的利益最大化，勢必會朝永續發展的方向努力，有限度地開發、使用資源，並對濫用資源的人加強道德懲罰。雖然這麼做也許可以嚇阻一些人，但終非徹底解決之道，畢竟不可能將所有的公有地都私有化。

不論是從小鄉村、大城市，還是整個國家或全球的尺度來看，公有地的悲劇都在不斷上演。筆者們期待這篇文章能夠廣為傳播，讓個人從「公有地」的比喻中體認到汙染、濫墾、濫伐、過漁等公共問題。唯有徹底認識問題的本質與人性所趨，從而制訂出相關的政策並彼此警告，才能脫離「自私人性」剝削「公有地利益」這場賽局中的「囚徒困境」。

我思╳我想

1► 家庭會議後，大家決定設置一個零食基金箱讓每個人都能不記名自由取用，基金箱中放入總金額為 100 元的硬幣，而且每天都會依據剩下的款項，補充等價金額（但總基金額度不超過 100 元）。請問家人使用零食基金時可能發生什麼情況？要如何確保零食基金不會歸零呢？

2► 財貨可依據其是否可獨享、是否排他等特性，區分為下表的四類。本文中提到許多案例，請選擇一項物件，仿照例 1 的描述，填寫在表格內。

	獨享性（競爭）	**共享性（非競爭）**
排他性	**【純私有財】** 例 1：擁擠又收費的道路 例 2：	**【準公共財】** 例 1：不擁擠但收費的道路 例 2：
無排他性	**【準私有財】** 例 1：擁擠但不收費的道路 例 2：	**【純公共財】** 例 1：不擁擠又不收費的道路 例 2：

3► 有人提出可以透過「公共私有化」、「加強管理」、「道德懲罰」等方式，減少「公有地的悲劇」發生的情況。請選擇本文的一個案例，說明你最支持用什麼方式解決該困境？

參考資料

- 林士哲 (2003)。《金崙地區溫泉資源調查分析之研究》。國立成功大學資源工程學系碩博士班碩士論文。
- 經濟部水利署水利規劃試驗所。《金崙溪流域地下水資源調查評估：工作成果報告書》。
- 羅淑圓 (2005)。《溫泉區土地開發政策合法化之研究—以臺東縣金崙溫泉為例》。國立東華大學公共行政研究所碩士論文。
- 陳慶財、孫大川、江明蒼、楊美鈴、蔡培村、李月德、方萬富、林雅鋒 (2018)。《我國溫泉開發與管理維護機制探討專案調查研究報告》。監察院。
- 田世澤 (2012)。《臺灣原住民族溫泉區的環境敏感性評估支援系統研究》。嘉南藥理科技大學溫泉產業研究所碩士論文。
- 綠色和平科學研究室 Kathryn Miller (2016)。《海鮮中的塑膠》。檢自：http://m.greenpeace.org/taiwan/Global/taiwan/planet3/publications/reports/2016/2016–seafood-review.pdf。
- 段雅馨（2019 年 1 月）。黑潮調查：全臺海域都含塑膠微粒！生活塑膠占大宗，八掌溪、後勁溪與東北角最多。上下游網站。檢自：https://www.newsmarket.com.tw/blog/115596/?fbclid=IwAR1Tw765FDs3NzEXO4ybnw_vSHnVJ6vz8fAENaJEdassaeiRu5YhvHwVLjI。
- The tragedy of the high seas. *The Economist* (2014). Retrieved from https://www.economist.com/leaders/2014/02/22/the-tragedy-of-the-high-seas?fbclid=IwAR0R5q1d-DqBk2ofpqjuQtihjE_m2CMyfEcb3vYM6UZC7YzigLp3uRt_x-I.

6

從搖籃到搖籃的循環經濟

「智慧型」手機沒告訴你的「不智慧」災難

文／陳俐陵

臺灣的智慧型手機普及率一直名列世界前茅，2017 年數據顯示臺灣的智慧型手機用戶已經超過總人口數的 70%。而你也是其中一位使用者嗎？每天打電話、傳訊息時，是否想過這支片刻不離身的手機如何被製造？拍照、貼文、按讚時，是否好奇過不再被需要的手機將流落何方？查資訊、看影音之際，是否曾經瀏覽過關於「血手機」或「有毒電子垃圾」的隻字片語？在瞭解手機的身世之後，希望你能注意到手上這支愛機不僅串連起親朋好友之間的聯繫，更牽涉到剛果內戰與童工血汗，以及中國、迦納等地的人民健康危害與環境汙染等議題。

智慧型手機的產製

2007 年蘋果 iPhone 問世，掀起智慧型手機的使用風潮。當年全球的智慧型手機銷售量約為 1.2 億支，而 10 年後，每年的出貨量已逾 14 億支，至 2017 年底全球累計製造出超過 88 億支智慧型手機，遠勝於全球人口總數（逼近 76 億）。此 10 年間的製造量以驚人幅度增加（圖 6–1），表示製造手機的原料需求與廢棄物處理量必定也隨之巨幅增加。

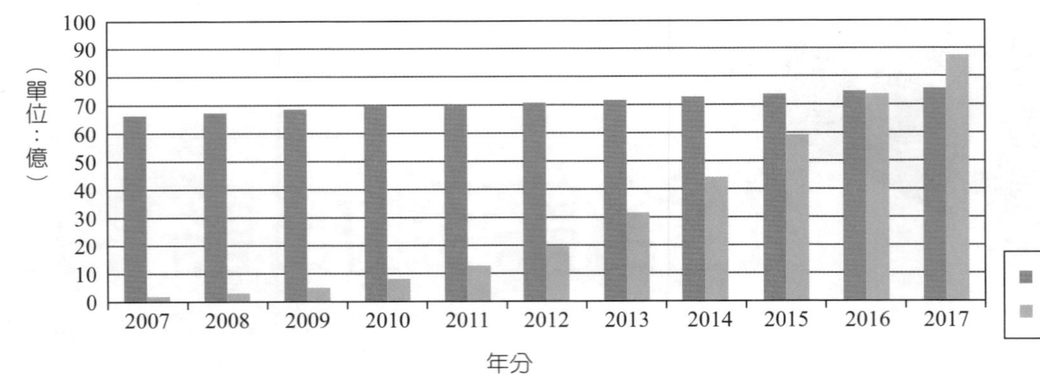

圖 6–1　2007～2017 年間全球人口總數與智慧型手機製造累積數比

智慧型手機主要由螢幕、外殼、電池，以及內部電子元件等組成，採用塑膠、玻璃、金屬等多種材質，包含 40 種以上元素，其中電池的關鍵原料鈷（Cobalt，元素符號為 Co）、電子元件的鈮（Niobium，元素符號為 Nd）、鉭（Tantalum，元素符號為 Ta）等元素，多半可能來自剛果民主共和國（Democratic Republic of the Congo，以下簡稱剛果）的鈷礦與鈳鉭鐵礦區（圖 6–2）。

位於非洲大陸中心的剛果，蘊藏豐富的貴重礦產資源，卻也承受著長久而殘酷的內戰。自 1998 年來，剛果持續內戰已奪取超過 500 萬人的生命，除政治因素外，搶奪礦產利益亦導致永無止盡之戰火。為了密集開採礦產，當地居民被迫在惡劣環境下超時工作，眾多未滿 10 歲的童工甚至必須徒手挖掘、搬運，卻只賺取微薄酬勞。由於內戰、採礦衝突加劇，造成毀林、非法獸

圖 6–2　剛果北部之鈳鉭鐵礦場（非衝突礦石區）

肉交易等情況，導致全世界最大的猿類——東部低地大猩猩 (Grauer's gorilla) 在 20 年內數量銳減 77%，僅剩下 3,800 隻，即將被列入極度瀕危物種。

從剛果販售製造智慧型手機所需的礦物原料，其獲利均可能成為資助剛果各種武裝勢力發展的經費，造成當地內戰紛擾，同時導致礦區居民，甚至是童工暴露在高健康風險的環境中，面對遭受暴力對待的危機，更讓生態環境面臨重大衝擊。每支使用「衝突礦石 (Conflict minerals)」❶ 製造的智慧型手機，均是「血手機」。

智慧型手機的廢棄

耗費許多資源與代價才產出的智慧型手機被使用多久呢？在美國，每人使用每支手機的平均年限為 26 個月，之後手機有可能轉手給其他使用者；或者因損毀而被丟棄；或者被回收。那些被隨意丟棄，或回收後未被妥善處置的電子廢棄物，一般在採用壓碎、燃燒或是簡易的化學處理方式後，都將因其複雜的材質成為有毒垃圾，危害人體與環境健康。

即使國際間已有《巴塞爾公約》限制有害電子廢棄物之產生與跨國運送，但實際上以「慈善捐

巴塞爾公約 (*Basel Convention*)

為控制有害廢棄物越境轉移及處置，國際訂立此公約，並於1992年生效，目的包括：

1. 減少有害廢棄物之產生，並避免跨國運送時造成環境汙染。
2. 提倡就地處理有害廢棄物，以減少跨國運送。
3. 妥善管理有害廢棄物之跨國運送，防止非法運送行為。
4. 提升有害廢棄物處理技術，促進無害環境管理之國際共識。

2008年並通過《奈洛比宣言》，加強電子廢棄物的處理與管理規範。

圖 6–3　迦納的電子墳場造成人體、環境的危害。

贈」為名轉移到迦納，或非法運送到中國處理的電子垃圾每年均達上千萬公噸。中國的貴嶼與迦納的 Agbogbloshie，是世界上數一數二的電子墳場（圖 6–3），每年處理全球高達 70 ～ 85% 的電子廢棄物（有毒電子垃圾）。處理的過程卻是在沒有高科技設備、安全防護或環境保護規章的情況下，由居民徒手拆解。這些地區瀰漫著惡臭與髒亂，到處都有燃燒的小火堆。以簡易方法分離出金屬物質並處理無價值的塑料，過程中隨意排放的有毒廢液與氣體導致地下水、土壤與空氣均受嚴重汙染，且環境毒物不斷累積並向四周擴散，因此罹癌者或神經受損、皮膚炎等患者比例大增，甚至造成基因突變，牲畜、農糧亦深受其害。

註解 ❶ 衝突礦石：剛果東部及其鄰近國家受武裝團體控制，涉及不當控制勞工或非人權對待之礦區所開採的原生礦材。美國在 2010 年規範相關法令，若產品製造過程或必要功能中需使用錫 (Sn)、鉭 (Ta)、鎢 (W)、金 (Au) 等四種金屬者，應揭露原料來源是否為衝突礦石。

智慧型手機與各種電子產品的快速消耗，致使全球每年約有 5,000 萬公噸的電子廢棄物待處理，若以 40 噸的砂石車裝載，得 125 萬輛才足夠，車隊排列將綿延 24,000 公里，可繞行臺灣海岸線達 21 圈以上。對了，電子垃圾還會每年新增 200 萬噸以上，也就是每年車隊都會再加入 5 萬輛車，幾乎又多繞臺灣一圈，顯然「有毒電子垃圾」已經成為無法逃避的頭痛難題。

從智慧型手機的產製與廢棄過程，我們看到世界上先進的科技產品，來自於剛果等地以最簡陋工具所挖掘的礦產，也流向中國、迦納等地以最簡陋方式拆解、焚燒，無論是在產地或墳場，均導致當地人權與環境受到嚴重傷害（圖 6–4）。面對因科技或經濟發展所引發的環境或人權侵害困境，該如何解決？

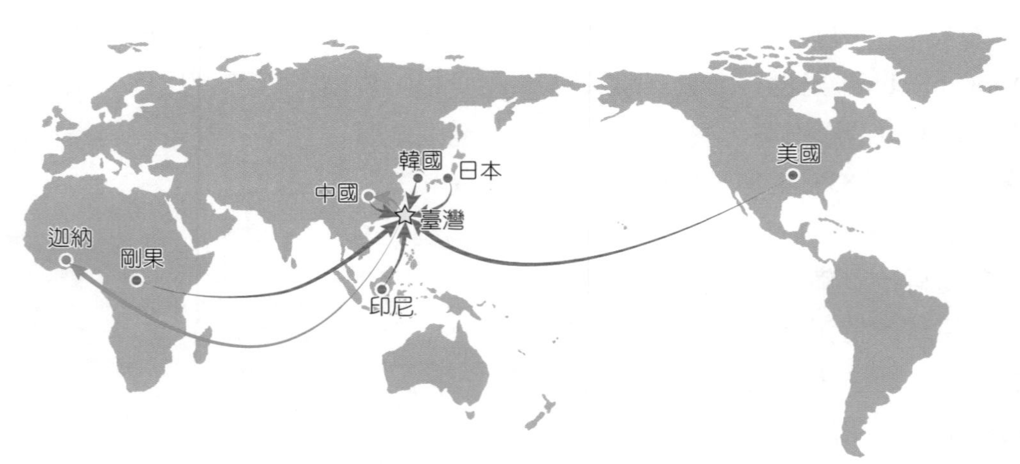

圖 6–4　臺灣使用智慧型手機之產製材料主要來源與廢棄物流向

從搖籃到墳墓的線性經濟

想一想現在你正在閱讀的這本書，或者周圍任何一本書，是以什麼材料、透過什麼過程被製造出來？每次升學後，堆積如山的教科書或參考書是怎麼處理的？然後看看你手邊用來喝水的容器是用什麼材料製作、經歷什麼過程來到手中？日後不需要這個容器時，將怎麼處理？

以書為例，紙本的主要原料來自植物纖維，而造紙過程使用大量能源蒸煮、洗漿，加上漂白程序等產生各種汙染，再經由染色或印刷、包裝等大費周章的流程才來到讀者的眼前，怎能不感恩，不讚嘆？但不再被需要後（有些書甚至沒被翻開過），就成為廢棄物，部分被回收打成紙漿；部分被焚燒銷毀；有些則被掩埋，或四處漂流而導致環境汙染。其它如塑膠、玻璃、陶瓷等物品的命運呢？不用問，很恐怖！

不管是你手上的這本書、智慧型手機或者周圍大部分物件的生命週期，多是人類從自然界取得資源後，被生產、使用，最後廢棄（可能伴隨汙染）的過程，原料歷經「從搖籃到墳墓 (Cradle to Grave)」的單向軌跡，從被珍惜的資源變成受嫌棄的垃圾。在這樣「線性經濟 (linear economy)」發展模式下（圖 6–5 (A)），每件產品均耗用大量的能、資源製成，而最終被棄置時除將已投入的成本摧毀外，還得費時、費力處理，加上新產品又需再度取用大量的能、資源……不斷地重複著「從搖籃到墳墓」的悲劇，繼續這樣下去，有朝一日地球上的資源將被耗盡，更糟糕的是轉變為大量有毒的廢棄物，或許最終連人類都將被埋入垃圾墳墓。

(A) 從搖籃到墳墓的線性經濟

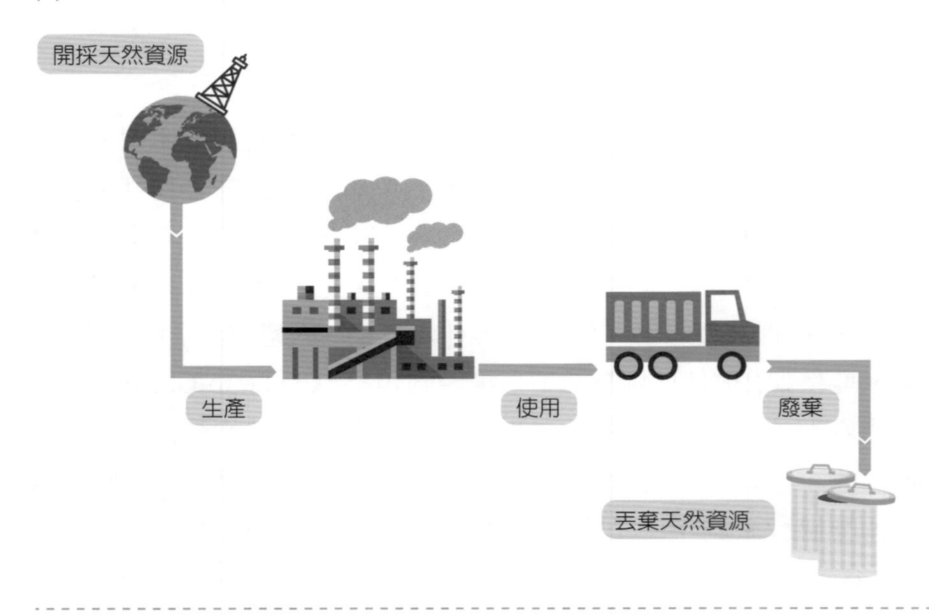

(B) 從搖籃到搖籃的循環經濟

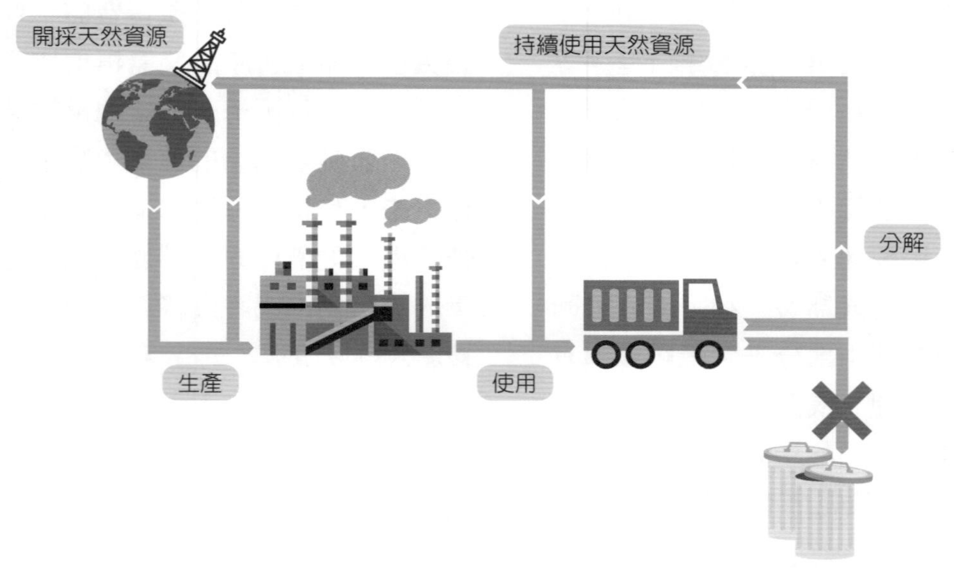

圖 6–5　「從搖籃到墳墓的線性經濟」與「從搖籃到搖籃的循環經濟」比較

從搖籃到搖籃的循環經濟

德國化學家麥可·布朗嘉 (Michael Braungart) 採用自然界物質循環的觀點，突破原料從搖籃到墳墓的線性經濟模式困境。

「落紅不是無情物，化作春泥更護花。」對自然界而言，垃圾或廢棄物並不存在，所有物質都是養分，均可利用。各種元素、化合物在系統內以不同方式組合、分解再重組，形成循環。若將人類使用之產品視為循環系統的一部分，思考原料取得來源與產品結束原有用途後的再生途徑，而所有製程亦考量使用潔淨能源、友善環境之設計，便能降低對環境的負擔與傷害。

於設計之初就將所有的產出物視為系統其他流程的輸入原料，即是「從搖籃到搖籃（Cradle to Cradle，簡稱 C2C）」創新思維的關鍵，也是「循環經濟 (circular economy)」模式（圖 6–5(B)）的核心概念。透過重新設計產品和商業模式，建置資源可回復、可再生的經濟和產業循環系統，藉此提高能、資源使用效率、消除廢棄物以避免汙染自然環境。

以書本為例，考量可無限次重複使用而不損其材質、無毒且無汙染、可透過簡單安全的過程處理等原則後，便設計出可在完全回收的合成塑膠上以無毒墨水印刷的成品。書籍不再侷限於傳統的木漿造紙形式，甚至有可能用「石頭紙」作為內容載體，改變過去紙類回收後仍需耗費大量能、資源處理，且多製成降級品利用的困境。新材料製成的合成塑膠只需簡單處理，即能產製新的書本或進行其他非降級利用。

生物循環與工業循環

循環經濟師法自然，以零廢棄為目標，發展封閉迴圈 (closed-loop)，導引物質在系統內的永續循環利用，此體系包括生物循環與工業循環兩種（圖 6–6）。

在生物循環中，以糧食、飼料與養分餵養生物，再製成產品供消費者利用，透過共享、再利用、再製造或提取生化原料等方式減少廢棄，而過程中的排遺或廚餘、生物廢料等，可透過化學方式處理轉為沼氣作為能源，或回歸生態圈成為養分等，是接近大自然生態系統的運作模式。

在工業循環中，因應需求目的與安全無降級的再利用設計，以無

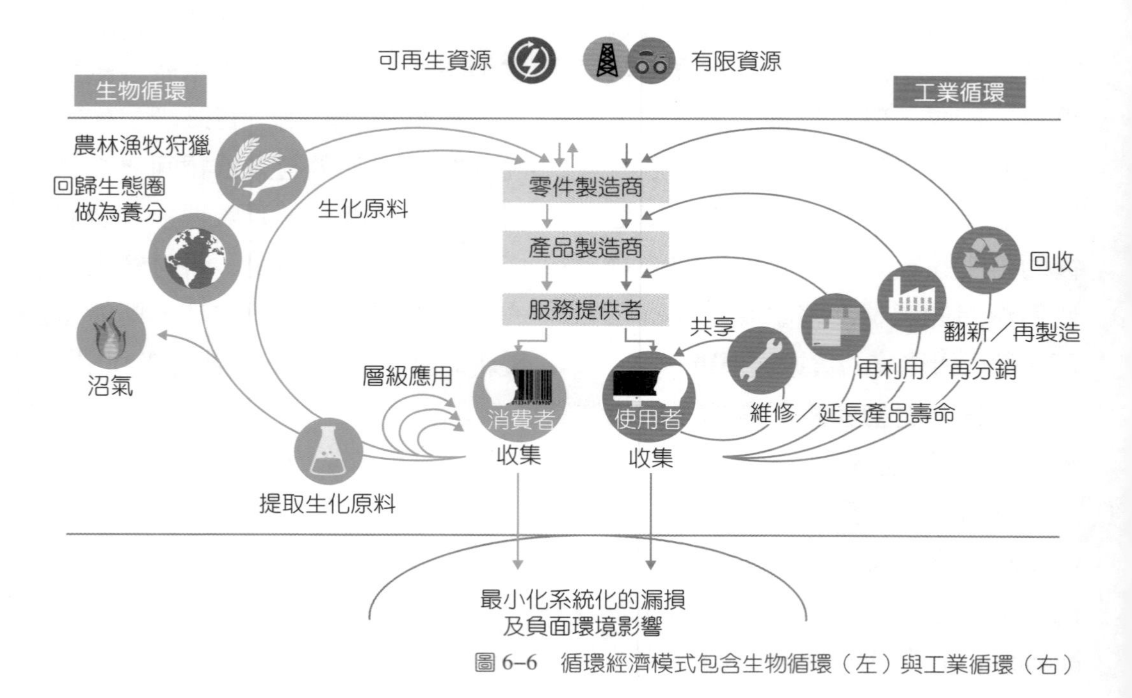

圖 6–6　循環經濟模式包含生物循環（左）與工業循環（右）

毒、無害的人造材料製造產品，支持使用者以維修或共享方式促進利用效益最佳化，並藉由再利用、再製造或回收循環達成減廢目標，避免將人造材料棄置於自然環境。

智慧型手機的工業循環

荷蘭有一群青年在 2010 年上街抗議手機製造過程採用「衝突礦石」，為尋求解決之道，他們投入該產業製造與銷售過程的研究，發掘產銷體系的種種問題，進而創業推出 Fairphone，運用模組化概念，設計出一款可輕易拆解的智慧型手機。使用者在 30 秒內即可拆解出機身框架、螢幕、電池、揚聲器、卡槽、鏡頭等多個零件（圖 6–7），若有故障損壞的部分，可以自行購買、更換單一零件，進而延長手機的使用年限，降低因大量生產、廢棄行為對環境造成的負荷。

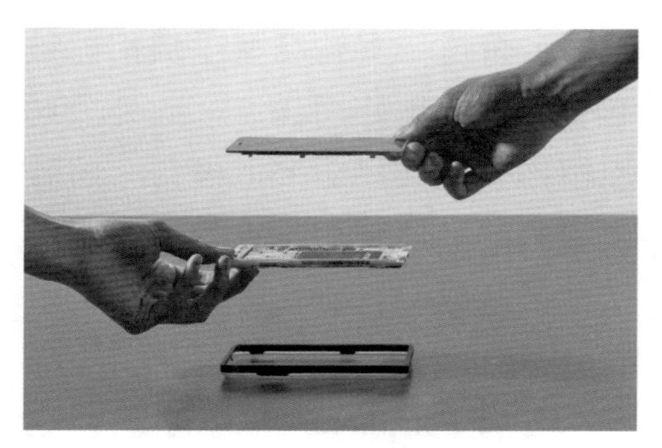

圖 6–7　Fairphone 的易拆手機讓使用者可自行維修，延長手機生命週期。

Fairphone——強調「公平 (fair) 貿易」的手機，秉持資訊透明化的理念，除了堅持不使用衝突礦石，也留意產銷體系上的合作單位是否持續改善勞工權益，從永續設計出發，配合再利用與回收制度來減少電子廢棄物。對照圖 6–6 的工業循環過程，Fairphone 讓使用者易自行維修，並以再利用與逆物流回收 ❷

註解 ❷逆物流回收：一般物流的反向程序。「物流」是將物品從廠商送到消費者手中的流程，「逆物流」則是將物品由消費者送回廠商的回收模式。

策略，讓每一支智慧型手機都能被有智慧地「用好用滿」，此外公司也積極強化與供應商的關係，將社會運動的熱情延伸到實際撼動手機產業供應鏈的行動，喚起更多消費者與廠商的注意。

沒有 Fairphone 的消費者要如何響應、參與循環經濟呢？首先可以在購買手機前注意製造商是否提出不使用衝突礦石的證明；當手機損壞時，除了送修外，也可以參考 iFixit 網站上拆解、維修各廠牌手機的公開資訊，自行排除小故障，省錢又方便；最後不得不廢棄手機時，尋找可回收點並參考 Closing the Loop 組織如何協助全世界建立手機回收機制。

小米與麻雀

泰雅族、太魯閣族與賽德克族均流傳一個關於小米與麻雀的故事：古早時期只需把一粒小米切成碎片，就能煮出一大鍋小米飯餵飽全家人。但有位懶惰且貪心的人直接丟入一把小米煮食，想不到飯沒煮成，鍋中反倒飛出麻雀警告：「以後都不會有豐碩的小米了，而且我們還會在收成期間偷吃小米！」從此族人都必須辛苦耕作以求溫飽。

傳說中的小米，其實是自然資源的比喻。人們只要珍惜使用（切成碎片）便能生生不息、不虞匱乏；故事中的麻雀，則代表濫用自然資源引發的災難。因為人們懶惰又貪心，大量且無節制地濫用資源，導致資源耗竭，甚至產生危害環境的毒物影響生存。傳統的線性經濟模式並沒有將產品的原料來源與廢棄處理階段一併列入系統性設計（懶惰），並鼓勵過度消費（貪心），衍生許多棘手的困境；而循環經濟模式的永續設計能讓資源（小米）被適度利用，也能減少濫用自然資源而引發的災難（麻雀）。以智慧型手機產業為例，從搖籃到墳墓的傳統產銷體系不僅忽略資源爭奪引發的人權、生態與環境等問題，更導致電子垃圾持續危害人類與環境健康。唯有翻轉思維，注重產品從誕生到回收的每個階段，才能免於「不智慧」的災難降臨。

我思✕我想

1 ▶ 龍盟科技研發的石頭紙，是臺灣第一個獲得搖籃到搖籃認證的產品（2011 年）。石頭紙是回收花蓮大理石切割後的碎料並研磨成礦粉，再以 80% 的碳酸鈣粉加上 20% 的環保塑料製成，具有堅韌難撕與防水、抗蟲等特性，在陽光下曝曬半年即會分解。缺點是不耐高溫（熔點 130°C），無法作為影印或新聞用紙，因為大量印製時，需配合高溫烘烤來固定碳粉與油墨。有人認為石頭紙並非如其宣稱的環保材料，請根據上述簡介提出可能被質疑之處。

2 ▶ 請說明「資源」、「產品」、「廢棄物」三項，在 (1) 線性經濟（搖籃到墳墓）；(2) 3R 原則——減量 (Reduce)、再利用 (Reuse) 與回收 (Recycle)；(3) 循環經濟的 C2C 概念——搖籃到搖籃 (Cradle to Cradle) 這三種不同模式下的變動差異。

3 ▶ 聯合國統計全球有 1/3 的食物被浪費，而臺灣每年耗損的食材量超過 350 萬公噸，相當於每人每天丟棄一個便當。請參考圖 6–6，提出可能改善剩食問題的方法。

參考資料

- Green Alliance (2015). A circular economy for smart devices: Opportunities in the US, UK and India. London: Green Alliance. Retrieved from https://www.green-alliance.org.uk/resources/A%20circular%20economy%20for%20smart%20devices.pdf.
- William McDonough and Michael Braungart (2008).《從搖籃到搖籃：綠色經濟的設計提案》。中國 21 世紀議程管理中心，中美可持續發展中心譯。臺北：野人出版。
- 姜唯編譯（2016 年 4 月）。「血手機」礦產爭奪戰未息 剛果大猩猩剩 3800 隻。環境資訊中心。檢自：https://e-info.org.tw/node/114496。
- 康育萍（2016 年 7 月）。你賣掉的舊手機最後去哪裡？商業週刊。檢自：https://www.businessweekly.com.tw/article.aspx?id=17356&type=Blog。
- 循環臺灣基金會網站。檢自：http://www.circular-taiwan.org。
- 黃育徵 (2017)。《循環經濟》。臺北：天下文化出版。
- 綠色和平組織 (2017)。智慧型手機十年盛世報告。檢自：http://www.greenpeace.org/taiwan/Global/taiwan/planet3/documents/for_download/Toxics/2017-smartphone-10-yrs-greenpeace.pdf。
- 臺灣搖籃到搖籃平臺網站。檢自：http://www.c2cplatform.tw。
- 蔡業中、呂家睿（2016 年 7 月）。這支拆裝螢幕只需 30 秒的手機，有著改變整個產業的大願景——讓你把手機「用好用滿」。社企流。檢自：https://www.seinsights.asia/article/3290/3268/4216。

7

蓋婭假說

雛菊世界

文／魏國彥

地球是活的。
地球能夠調控自己的溫度。

這是「蓋婭假說（Gaia hypothesis，或譯為蓋亞假說）」的最簡明版。誰是「蓋婭」？與地球有什麼關係？

蓋婭是希臘神話裡監管大地的女神。科學家洛夫拉克 (James Lovelock) 用女神的名字來稱呼我們的母親地球，這是一種擬人化的用法，重點不在於給地球另一個名字，而是強調這個特殊的行星是一個活潑、有生命居住的生態系統。她能夠自我調節，維持自己體溫的平衡穩定。

地球科學與蓋婭假說

我們學習地球科學通常由各分科入手，例如：氣象學、天文學、地質學、海洋學等，這也沒有什麼不好，但是地球是一個整體，地球上的大氣、水、岩石、森林、動物……彼此互有關連，環環相扣，形成大大小小的各種系統。如何把地球當成一個整體來瞭解與研究呢？蓋婭假說即是把地球視為整體看待的一種方式，有人認為可以因此設計出各種模型或「次假說」來驗證，也有人認為這只是一種比喻、一種世界觀。

洛夫拉克教授提出蓋婭假說的初心就是希望地球科學不同次領域的研究者與學習者，能夠在「蓋婭」的架構中探討手中的問題。

20 世紀 70 年代末，蓋婭假說最初被提出與火星探測有關。當時科學家們問：「太陽系中其它的行星會像地球一樣有生命嗎？」他們設計了各種器械，打算到火星上取樣與觀察，看看有沒有生物。

受邀前往美國太空總署 (NASA) 研究的洛夫拉克認為，一個沒有生物（生命）的「死行星」，其大氣組成的成分應該處於一個純化學平衡的穩定狀態。相對的，在一個有生物（生命）存在的行星上，它的大氣會被生物當作傳送物質及廢棄物的介質，因而使得大氣中的成分與含量處於不平衡狀態，這樣的行星被稱為「活行星」。而地球就是一個充滿生命，生氣盎然的「活」行星。

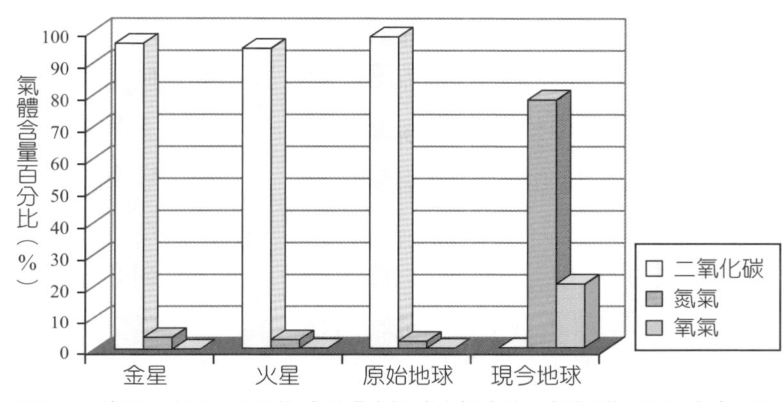

圖 7–1　金星、火星、原始地球和現今地球大氣中的二氧化碳 (CO_2)、氮氣 (N_2) 和氧氣 (O_2) 含量比較。

因此，不用登陸火星，只要在地球上以紅外線望遠鏡觀測火星，從反射回來的光線來判讀其大氣組成，就可以找到答案。

觀測結果顯示，同為「類地行星」的火星與金星，其大氣是以二氧化碳 (CO_2) 為主要成分，處於化學平衡的組構狀態；而地球的大氣同時含有氧氣 (O_2) 及甲烷 (CH_4)，就化學平衡而言，兩者是不相容的（理論上甲烷應該被氧氣氧化掉），這種不平衡但卻持續存在的狀態「暗示」著，地球近地殼表面的地方有生物活動 ❶。

仔細看圖 7–1，你會發現金星、火星和原始地球的大氣中充滿了二氧化碳，氮氣只有少量，氧氣則非常稀少。而地球約在 35 億年前出現含有葉綠素、能行光合作用的藍綠藻，經過了 10 多億年的經營，地球

註解　❶另見〈溫室氣體排放與能源選擇〉、〈物質循環，從源到匯〉篇。

上的大氣組成全面改變，變成以氮氣為主（約占 80%），氧氣為副（約占 20%），而原本「稱霸江湖、唯我獨尊」的二氧化碳反而變成微量氣體了。

事實上，現今地球大氣中另外還含有為數不少的甲烷、氨氣 (NH_3)，並有異常豐富的氧氣，這些氣體之間處於一種供給與消耗互相「穩定平衡 (steady state)」的狀態，就是拜地球上的生物活動所賜。

圖 7–2 對照地球上「有生物」和「無生物」狀態對於各種氣體通量❷的影響，顯示氫氣 (H_2)、甲烷、氨氣等共 9 種氣體在大氣層中的通量（不論進或出）。因進出通量的尺度變化極大，縱軸以對數尺度表明，單位為 10 億莫耳（gigamoles，10^9 莫耳）。本圖表明大氣中雖然生物不多，但是與大氣密切接觸的土壤、海洋、森林、田野中有旺盛的生物活動，不斷提供各種氣體，也

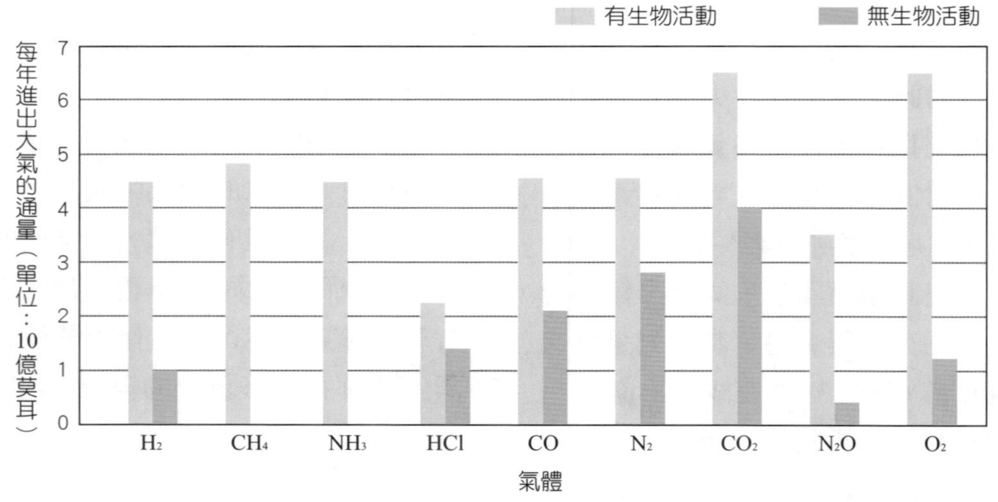

圖 7–2　由每年進出大氣層的氣體通量對照「有生物活動」與「無生物活動」的地球。

消耗大氣中的某些成分，活躍地扮演著供給與消耗的角色。

生物的存在讓地球成為一個非典型、「不正常」存在的行星。不正常之處不只表現於大氣的組成與含量，還影響到地球表面的水量、大氣壓力、大氣溫度等。表 7–1 對金星、火星和地球做了一個比較，可以看出地球因為有生物活動而異於其他行星、「異常」到什麼程度。

從表中可以發現，地球表面的狀態適合生命發展，例如：有豐富的水（平均水深 3,000 公尺）、有溫和的地表溫度 (17°C)、有適宜的大氣壓力（1 大氣壓），而二氧化碳濃度只有 0.04%；相對而言，金星大氣中含有 98%、火星大氣中含有 95% 的二氧化碳，濃度遠高於地球。

註解 ❷ 通量：單位時間中流過單位面積的物質總量，詳見〈物質循環，從源到匯〉單元。

表 7–1 地球表面之大氣、水量、氣壓與氣溫的狀態，並與金星、火星相對照。

	金星	地球	火星
大氣中的二氧化碳含量 (%)	98	0.04	95
大氣中的氮氣含量 (%)	1.7	79	2.7
大氣中的氧氣含量 (%)	微量	21	0.13
平均水深 (m)	0.003	3,000	0.00001
大氣壓力 (atm)	90	1	0.0064
地表溫度 (°C)	477	17	–47

雛菊行星：黑白花的力量

二十多年前，超級任天堂出了一款「模擬星球 (SimEarth)」遊戲，讓許多玩家為之著迷。這款遊戲背後是一套簡單的數學模型，考驗遊戲者如何利用生物的力量來維持行星表面的溫度，而外在的威脅則是太陽光的亮度愈來愈強，送來的熱量愈來愈高！

遊戲的大背景是這樣的：就像銀河系中所有的恆星，太陽剛誕生的時候，放射出來的光線與熱量都比較微弱，約略只有目前的 2/3；當它愈來愈衰老，會燃燒得愈來愈炙熱；當它走向恆星死亡的終點（約 45 億年之後），會比現在還要炙熱約 50%。

遊戲中的模擬星球叫作「雛菊世界 (Daisyworld)」。星球表面只有一種花，這種花有兩種顏色：黑色與白色（圖 7–3）。

圖 7–3　雛菊世界有兩種雛菊，一種是白色，一種是黑色；白色的花會反射陽光的能量，黑色的花則會吸收陽光的能量。

遊戲設定如下：

- ▲ 行星得到的光線愈來愈強，溫度愈來愈高。
- ▲ 溫度上升到某個定值時，星球上的雛菊開始發育、生長。
- ▲ 溫度上升到某個臨界高溫時，雛菊死亡。
- ▲ 白雛菊會將光線反射回去，而黑雛菊不反射，會將光線帶來的熱量保存下來。
- ▲ 雛菊在「最適宜 (optimum)」溫度下生長得最好，這個溫度設定在 22.5°C。

雛菊世界初級版

想像一局遊戲如下：

- ▲開始的時候，入射的太陽光強度不足，世界很寒冷，地面上沒有任何雛菊的蹤影。
- ▲陽光愈來愈強，世界變得溫暖，雛菊開始發育，黑色的雛菊因為能吸收陽光抵抗寒冷，就生長得多一些。有黑色雛菊的幫忙，將較多的能量留在這世界上，溫度愈來愈高，雛菊繼續滋長、繁榮。
- ▲黑色雛菊愈長愈多，入射的太陽光所帶來的能量就被保存得愈來愈多，世界變得更溫暖，因為只有少量的陽光被反射回去。
- ▲然後白色雛菊變得比較占優勢，因為它們可以把陽光和熱量反射出去，使生長環境的溫度變得比較清涼。
- ▲高緯度地區的陽光入射量較低，而黑色雛菊較能保存陽光帶來的能量，因此高緯度地區的黑色雛

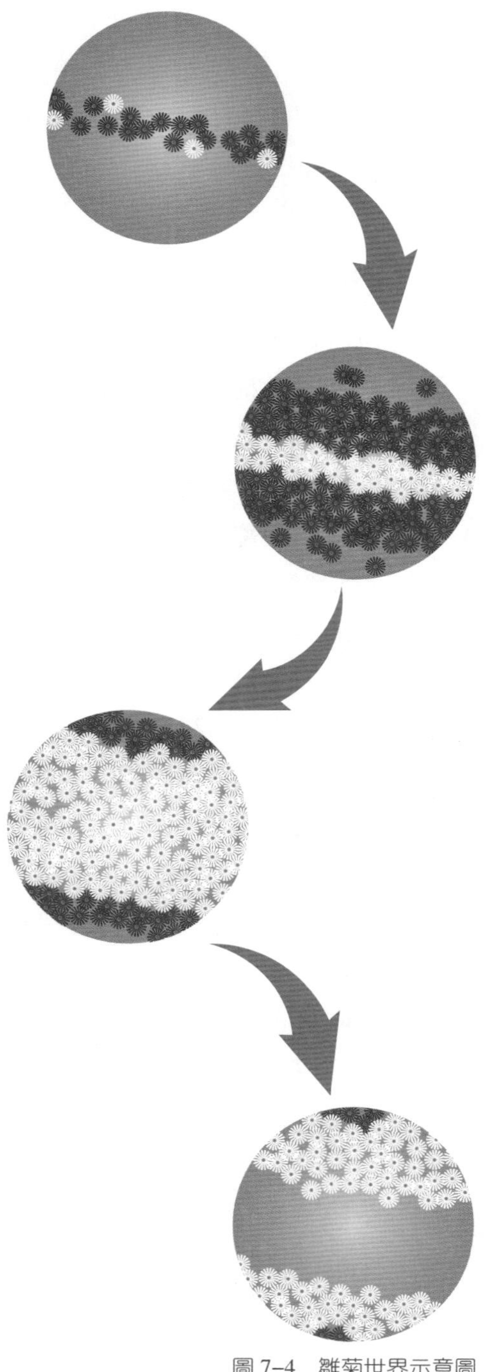

圖 7–4　雛菊世界示意圖

菊生長數量相對較多；另一方面，赤道和低緯度地區的陽光入射較強烈，而白色雛菊能將陽光反射回去，有降溫效果，所以此處的白色雛菊就比較繁茂。

▲ 藉著調整黑色雛菊與白色雛菊的數量、改變它們分布的緯度範圍，可以調節雛菊世界的溫度；如果調節得好，星球就能長久維持在最適宜的溫度——22.5°C。

▲ 如此一來，儘管入射的太陽光強度不斷增加，只要有黑白雛菊存在，能即時反應而改變花色配比，雛菊世界仍能保持定溫，維持舒適的生活。

▲ 隨著太陽光的強度不斷增加，雛菊世界充滿了白色雛菊。雖然雛菊們盡量把陽光反射回去，但是仍有太多能量入射，雛菊世界最終不免因「全球暖化」而全體絕滅，又回到無生命的狀態。

圖 7–5 把上述遊戲的發展用四個參數的變化表達出來。四個參數分別是：

(1) 不斷上升的太陽亮度。

(2) 雛菊世界的溫度。

(3) 黑色雛菊族群數量。

(4) 白色雛菊族群數量。

在上面的遊戲棋局中，只要調整黑白子（雛菊）的數量，這個世界的溫度狀態就可以維持平衡穩定。開始的時候，太陽亮度增加，溫度漸漸升高，黑色雛菊愈長愈多。黑色雛菊愈多，溫度就上升得愈快，這時黑色雛菊扮演著「正向回饋」的角色。另一方面，當太陽亮度不斷升高到某一臨界值之後，白色雛菊的數量會增加，愈增多，就能把愈多的太陽光反射回去，而減少熱量的吸收，這時白色雛菊行使的是「負向回饋」。

黑色雛菊和白色雛菊會因為太陽光亮度的變化自動增減它們的數量，分別發揮正、負向回饋的功能。

我們發現在這個簡單的模擬世界裡，靠這兩種顏色的雛菊分別發揮正、負回饋的功能，就能自我調控生存環境的溫度，使雛菊世界的溫度達到平衡穩定的狀態。

上述例子彰顯出：系統中各個因子會相互影響，彼此耦合 (coupling)。這也意味著當某一成員之狀態有任何變化，就可能啟動另一成員的某些功能，回過頭來加強或抑制該狀態。

用你我生活中的例子來說明會更清楚：炎炎夏日之中，你開啟冷氣機，使室溫降低，你的體溫也隨之下降，感覺涼爽。這時人體體溫相對於室溫（受控於空調設備）產生正向耦合 (positive coupling)。反過來說，冷氣開得太強，人體冷得不舒服了，你啟動冷氣遙控器，讓室溫上升幾度，這時則產生負向耦合 (negative coupling)。你總是想維

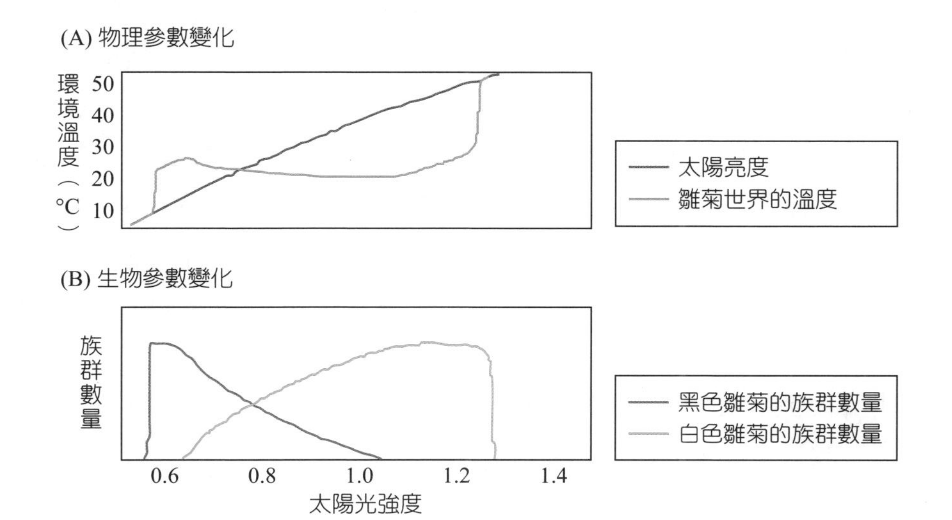

圖 7–5　雛菊世界的物理參數和生物參數變化。(A) 雛菊世界的溫度並沒有隨著太陽亮度增加而上升，而是在中間的部分維持恆定。(B) 藉著黑白兩色雛菊族群數量的消長，雛菊世界的溫度被調節到雛菊適宜生存的溫度範圍內。

持著最舒適的溫度，因而啟動正向或負向「回饋」，只要你身體健康、有行動力，你家的冷氣機功能也正常，你總能適時反應而調整室溫。

雛菊世界升級版

這個遊戲可以變得更複雜、更具挑戰性：

▲入射陽光強度增強的速度加快。

▲入射陽光強度變化的幅度發生變化，上下振盪。

▲雛菊的種類增加，除了黑、白兩色外，還增添了紅、黃、灰等顏色，各有不同的陽光反射率，甚至有不同的溫度偏好。

▲雛菊世界裡闖入一種愛吃雛菊的兔子，形成生物干擾(bioturbation)。

▲雛菊世界受到外太空來的隕石撞擊，突然毀滅了一半的雛菊。

雖然這只是一個簡單的模擬遊戲，角色不多：陽光、彩色的雛菊、調皮的兔子，以及防不勝防、天外飛來的隕石。這一切卻像極了簡化版的地球歷史：地球上起先沒有生命，完全聽憑陽光主宰。後來有了生命——調控溫度的「空調機」，讓地球能維持在最適宜生命繁衍、生存的恆定溫度。好景不常，來了一些擾亂因子：有愛吃「雛菊」的兔子干擾、有開發石油與煤礦而排放大量二氧化碳到大氣的人類，留住太多的陽光與熱量，造成全球暖化，南北極的冰雪銳減，降低了地球的反照率 (albedo)，讓地球變得更加溫熱，形成「火上加油」式的「正回饋 (positive feedback)」——愈來愈熱，無法回頭。

雖說兔子會干擾雛菊，可是牠們的危害通常不會太嚴重。但是如

果兔子食用大量的雛菊，雛菊調節溫度的功能就會減弱，使雛菊更難生存、數量減少，意即兔子的食物會減少甚至消失；當兔子的數量減少，牠們對於雛菊的干擾與危害也會減弱或消失。換句話說，兔子的數量和雛菊的數量之間也呈現正、負回饋的現象，達到生態平衡。

當然，我們還要擔心天外突然飛來的災害，造成生物圈的大滅絕。不過災害也不只從天外飛來，我們人類自己就是一個「大怪獸」了！有科學家就宣稱人類活動已經造成地球上的「第六次大滅絕」，這次生物大滅絕的速度與規模與上次「行星級」的生物大滅絕——6,500 萬年前的恐龍大滅絕相比，有過之而無不及。

雛菊星的啟示

1. 雛菊星並非一個完全被太陽光強弱擺布的氣候系統，當系統內部或外部發生變動時，雛菊的回饋機制就會發揮作用，使星球溫度處於穩定狀態。
2. 雛菊對陽光增強的效果（增溫）產生負回饋，可以抵消掉一部分增溫，而負回饋效果可以持續運行，長期保持星球穩定。
3. 雛菊星並無人工智慧，也沒有人為的預測、計畫或政策干預，原本的系統就能夠自我調節，應付內在、外在營力的變化。
4. 雛菊星這種自我調節的機制其實是各種系統的基本特色，因為有這種機制，系統才會存在並長久運行；意即系統存在的本身，已隱含了系統中各成員互相耦合、形成正負回饋而自我調節的功能。
5. 洛夫拉克用雛菊星的例子來彰顯「蓋婭假說」的基本精神，那就是星球系統本身已有一套周密耦合、運行不懈的自我調整機制，無需任何自以為聰明的文明智慧去設計、干預。

6. 星球系統中的生物（如雛菊星上的雛菊）是穩定系統中不可或缺的要角，固然它們受到外在氣候條件的影響與控制，其自然反應卻也可以反過來影響與調節氣候。
7. 星球上的生物並不能把星球系統調整到生物最適居的狀態（蓋婭假說最初提出時的想法）。系統模擬顯示，穩定的氣候系統其實略遜於最適居狀態。
8. 所謂的「自我調節」並非十全十美或固定不動，系統中各成員的互動需要一些過程與時間來磨合，若外來因素的影響太劇烈（短時間之內造成大變動），則回饋效應來不及反應，生物可能就此消亡而一蹶不振。
9. 上述的自我調節是在一種漸進、互動、連續的狀態下完成，是一種動態過程，隨時在尋求成員間的平衡點，並無事先可以設定的最佳狀態。
10. 自我調節並非保證系統千年不壞、永保平安的萬靈丹。因為生物有其生存的條件與極限，若陽光強度不斷增強，白色雛菊雖然可以不斷擴展生長範圍來增強反射率，但是當星球表面布滿單一顏色的雛菊時，也就達到自我調節的極限，表示距離系統崩潰的日子不遠了。換句話說，生物多樣性有其必要，生物多樣才能維繫生態功能。

我思✕我想

1► 請根據下圖中的大氣壓力、主要大氣組成資料，判斷甲、乙、丙三行星，各是太陽系金星、地球、火星中的哪一顆行星？

	甲行星	乙行星	丙行星
大氣壓力	90.7 atm	1.0 atm	0.006 atm
主要氣體組成	≈1.7% N_2 ≈98% CO_2 其它	≈79% N_2 ≈21% O_2 其它	≈2.7% N_2 ≈0.13% O_2 ≈95% CO_2 其它

上述三個行星從地表到高空的溫度變化如下圖，請判斷 A、B、C 三行星，各是哪一顆行星？

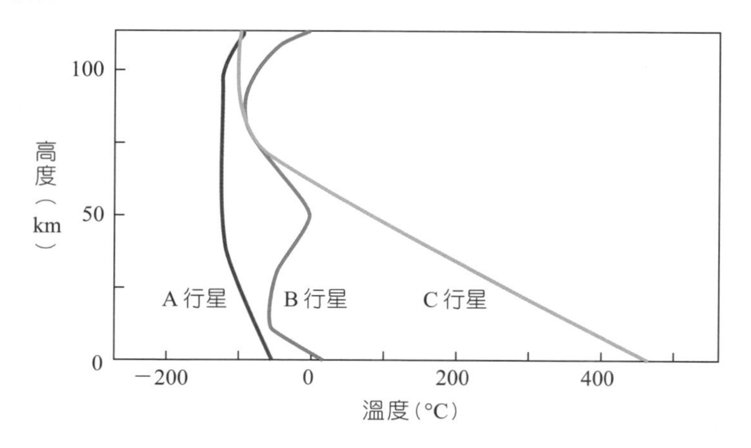

2► (1) 請問以下二個敘述，哪一個是正向回饋？哪一個是負向回饋？

（甲）馬爾薩斯的《人口論》：當人口愈多，成長率就愈快。成長率愈快，人口也將愈多，因此人口呈現指數成長的狀態。

（乙）體溫恆定調節：人的體溫上升時會流汗，流汗可散熱導致體溫下降。

(2) 除本篇內容的案例外，請舉出一個正向回饋、一個負向回饋的例子。

3► 請根據本文繪製雛菊世界系統運作圖。

參考資料

- James E. Lovelock (1991). Geophsiology—The Science of Gaia. 3–10. In S. H. Schneider and P. J. Boston (eds.). *Scientists on Gaia*. The MIT Press.
- James E. Lovelock (1992). The evolving Gaia theory. Presented at the United Nations University, Tokyo, Japan.
- Lynn Margulis and Gregory Hinkle (1991). The biota and Gaia: 150 years of support for environmental sciences, 11–18. In S. H. Schneider and P. J. Boston (eds.). *Scientists on Gaia*. The MIT Press.

8

物質循環，從源到匯

跟著物質去旅行

文／吳依璇

序言

陸地上的物質受到風化侵蝕後，慢慢地往低處移動，大部分流入海洋。這些物質們不斷地在各處漂流遊蕩，有時待在大氣中，有時待在海底，有時寄宿在生物體內，有時又回到陸地，持續地在地球上旅行。當物質隨著物理或化學反應移動到別處，過了幾千年又被帶回來。這種旅行的過程，物質會以不同形式移動，形成循環。

物質從哪裡來，往何處去？從源到匯

如果將地球視為一個封閉系統，在地球上的物質（化學元素或分子）會在生物或物理環境之間以某種方式移動，這種過程稱之為物質循環。循環方式主要可由「存放許多物質的地點（庫；pool）」和「流動的方式（流動；flow）」兩種概念說明。

進一步細分，我們會將生態系統中的物質循環稱為「生物地質化學循環 (biogeochemical cycle)」，指各個元素在氣圈（大氣層）、水圈（主要為海洋）、岩石圈（整個地殼和地函頂部）以及生物圈（生物體）這四個「庫」之間的循環。以碳 (carbon) 的生地化循環為例：產生二氧化碳 (CO_2) 的地方稱為源 (source)，如燃燒煤炭、生物行呼吸作用都會產生二氧化碳；埋藏二氧化碳的地方稱為匯 (sink)，如生物質 (biomass)、深海沉積的底泥和有機質等。在源和匯的循環過程中，碳元素會待在各種不同的地方，這些存放碳元素的地方稱作儲存庫 (reservoirs)，像是大氣、海洋、生物圈等（圖 8–1）。當然，碳元素也會待在我們的身體裡喔！

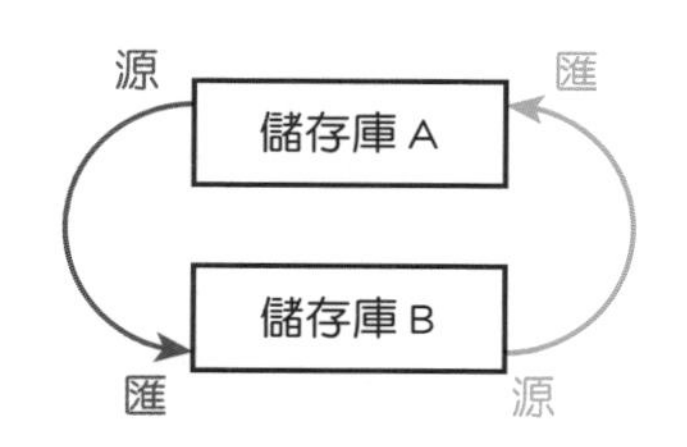

圖 8–1　不同儲存庫之間可互為源或匯

碳元素會在各個儲存庫之間流動，當碳元素流出「源」和流入「匯」的通量差不多時，儲存庫中的碳元素總量不變，這種狀態稱為穩定狀態 (steady state)。不同的物質隨其化學性質、物理性質及生物作用之差異，在同一儲存庫中有不同的滯留時間。

要瞭解大氣中二氧化碳的來源與去處，以及來去之間「收入」與「支出」的盈虧，必須先知道有哪些儲存庫可以與大氣交換二氧化碳，以及儲存庫之間二氧化碳的通量 (flux)。理論上，可以大概估計出某一時段中，通過某一單位面積的總流通量（此即所謂的「通量」）；而儲存庫間的通量可以因時因地而異。目前科學家們認為，許多環境問題其實是因為從儲存庫輸出的物質太多或太少，沒有辦法達到一定平衡才會產生。

組成生命的基本物質大多會隨著生物的食物鏈在各生物體之間傳遞，並在環境與生物之間循環。在此僅列出對生物影響較大的水、氮、碳等元素在各儲存庫之間的循環。

水循環

水在地球上移動與儲存的情況稱之為水循環。水循環自從地球上有水以後就開始進行，已經持續了幾十億年。水在氣圈（大氣層）、水圈（主要為海洋）、岩石圈（整個地殼和地函頂部）以及生物圈（生物體）之間移動，地球上的生命也仰賴水循環。既是循環，我們很難判定哪裡是起點，哪裡是終點，在此先從存有大量水分子的海洋開始討論起。

當太陽供應能量使海水升溫，液態水會變成水蒸氣並散失在空氣中。由於海洋占大部分的地表面積，因此地球上大部分的蒸發作用都發生在海水表層。空氣中還有少部分的水蒸氣來自湖泊、河流蒸發或冰、雪直接昇華，甚至陸地上的植物也會蒸散水蒸氣……這些都是水進入氣圈的途徑。氣圈接收到的蒸發量約有 90% 是從海洋、湖泊和河流等水的「儲存庫」蒸發而來，植物僅提供約 10%。地球上水的蒸發量與降水量大致相等，但是依照地理位置不同，蒸發量和降水量也會有所差異。整體而言，在海洋地區蒸發量大於降水量，但在陸地上蒸發量則小於降水量。

蒸發是水從岩石圈或水圈進入氣圈的重要途徑。影響蒸發的因素主要有三種，分別是溫度、相對溼度、空氣運動。當溫度較高、相對溼度較低、空氣運動較強烈的時候，蒸發量較大；反之，蒸發量則變小。

隨著海拔高度愈來愈高，氣溫愈來愈低，進入氣圈的氣態水達到過飽和，附著在凝結核上，就形成我們常見的雲。當雲不斷上升造成溫度下降，或不斷有水氣補充，雲滴便慢慢增大，直到上升氣流再也撐不住以後，才從雲中掉落下來，形成降水。

降水的形式可能是液態水（即雨水）或固態水（即冰或雪）。降水至海洋後，水會再度蒸發至空氣中；降水至陸地後，若岩層達到含水飽和或是無法滲透，會形成地表逕流；若部分雨水可以滲透地面並儲存在岩層裡，則會形成地下水，遇到岩層裂隙也可滲流到地表。地表逕流和地下水匯入河川、海洋後，進入下一次循環（圖 8–2）。

水循環中水分子大部分的時間會待在海洋。海洋占全部水體的 96% 以上，但海洋中的水大多以儲存為主，真正進入水循環的水相對來說很少，但進入水循環的水，有

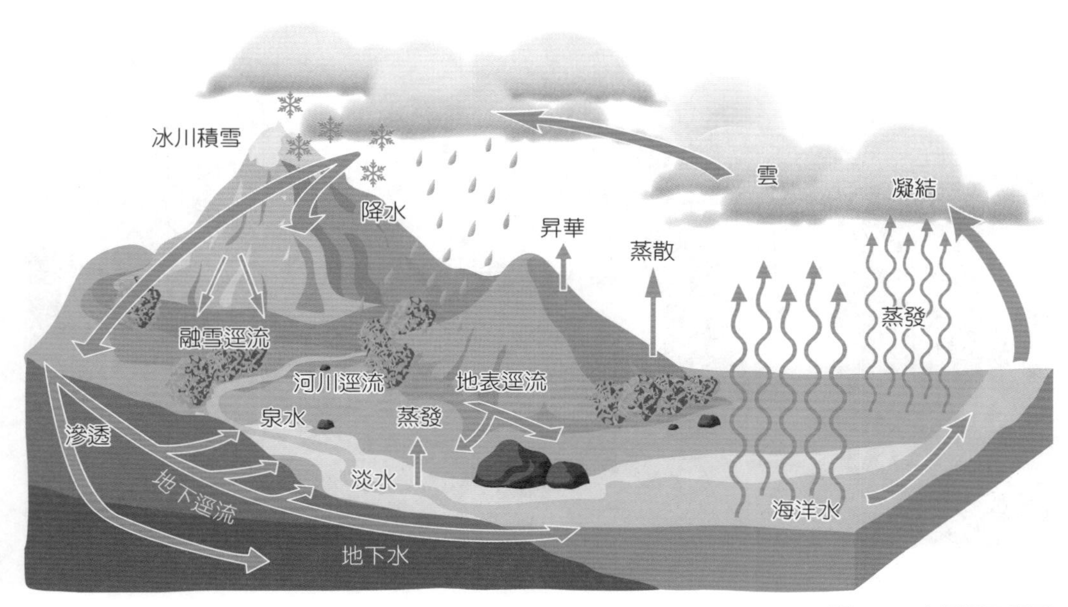

圖 8–2　水循環示意圖

90% 都來自海洋。海洋的水進入水循環的總量受溫度影響很大，當地球處於冰河時期，大量的水形成冰層覆蓋陸地，此時海平面會下降，高緯度海洋表層的水結成冰，進入水循環的水量也會減少；當氣溫較高的時候，陸地上的冰層融化，大部分的水進入海洋，此時海平面上升，有較多水進入氣圈，較為溼潤，陸地上的降水也會增加。

人類可藉由建造水庫、運河或鑿井等方式利用各種水體，這些活動會改變水原來的逕流路線。此外，人類活動排出的汙染物亦可經由不同途徑進入水循環，像是燃燒產生的二氧化硫 (SO_2) 和氣圈的水氣結合，隨著雨水進入土壤，會改變土壤的酸鹼值；或是家庭廢水、工業廢水等汙染物排入河流、湖泊，最終匯入大海，則會對水體生態環境造成傷害。

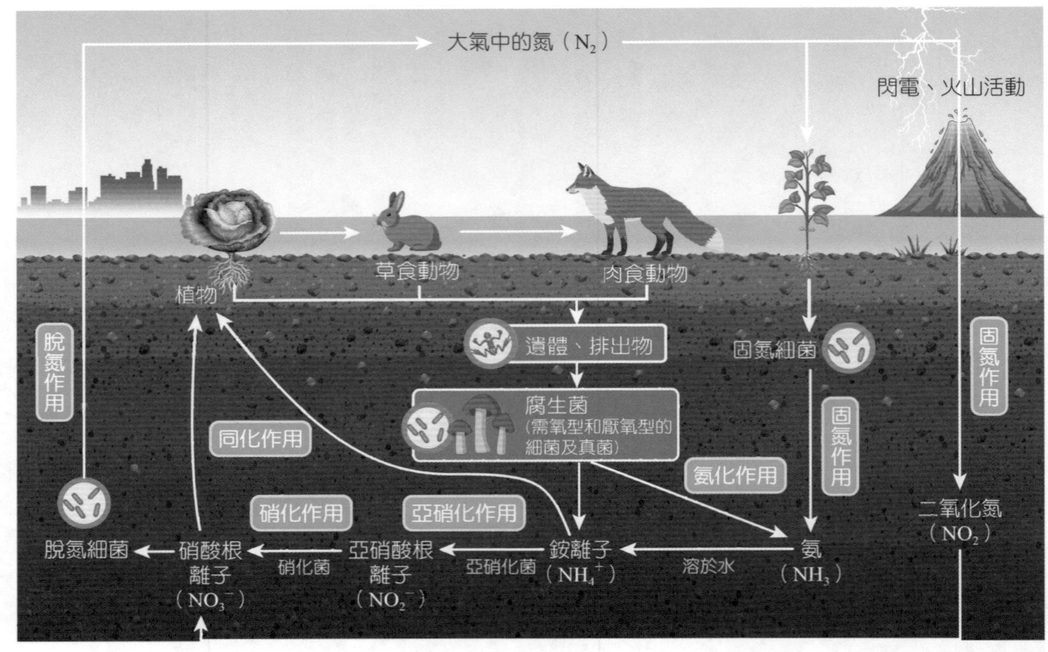

圖 8–3　氮循環示意圖

氮循環

氮循環主要是氮在氣圈、岩石圈、水圈和生物圈之間循環轉化（圖 8–3）。氮的轉化可藉由生物和化學作用進行。氮循環主要由固氮作用 (nitrogen fixation)、氨化作用（ammonification；又稱礦化作用 (mineralization)）、亞硝化作用 (nitrosation)、硝化作用 (nitrification) 和脫氮作用（又稱反硝化；denitrification）所構成。

氮是組成生物的基本元素，能夠組成胺基酸；在植物中則可用以製造葉綠素，因此對於生物而言，氮是生存的必要元素之一。如果從大氣開始討論氮循環，大氣中氮含量約為 78%，是主要儲存氮的地方，但是生物無法直接利用大氣中的氮，必須轉化成銨離子 (NH_4^+) 或硝酸根離子 (NO_3^-) 才能使用，其中植物們比較喜歡用硝酸根離子。

在一般狀況下，大氣中的氮 (N_2) 經過固氮細菌進行固氮作用形成氨

(NH_3)。固氮細菌有固氮菌、藍綠藻或根瘤菌，根瘤菌是土壤中常見的細菌，常與豆科植物共生。植物根部的分泌物會吸引根瘤菌集中到根部，而根瘤菌會附著在植物的表皮及根毛細胞上，刺激根部細胞增生，使根局部膨大形成根瘤。根瘤菌在根瘤內定居，植物供給根瘤菌維生素、醣類和胺基酸，根瘤菌則固定大氣中游離的氮，為植物提供氨（圖 8–4）。

圖 8–4　根瘤與固氮作用示意圖

當氨 (NH_3) 溶於水則形成銨離子 (NH_4^+)，這時亞硝化菌進行亞硝化作用，形成亞硝酸根離子 (NO_2^-)（式 8–1）。

式 8–1

$$NH_4^+ + \frac{3}{2}O_2 \rightarrow NO_2^- + 2H^+ + H_2O$$

$$\Delta G = -66\ Kcal / mol$$

亞硝酸根離子再由硝化菌進行硝化作用形成硝酸根離子 (NO_3^-)（式 8–2）。

式 8–2

$$NO_2^- + \frac{1}{2}O_2 \rightarrow NO_3^-$$

$$\Delta G = -17\ Kcal / mol$$

此時植物們就能夠吸收土壤裡的銨離子和硝酸根離子，轉化成蛋白質或核酸。生物死亡後受到分解者分解，進行氨化作用形成氨，會再次回到銨離子、亞硝酸根離子、硝酸根離子等組成，形成一個循環。

如果土壤處於厭氧的環境下，好不容易經由一連串細菌作用形成

的硝酸根離子 (NO_3^-) 會由脫氮細菌的「脫氮作用」還原成氮氣，這時植物們就沒辦法利用氮，無法生長。

除了走固氮細菌、亞硝化菌、硝化菌這條路，大自然也有其它方法讓植物們可以比較迅速地吸取大氣中的氮。由於大氣中的氮分子是以三共價鍵結合，鍵結不易被打破而形成離子態，所以大多是從閃電的高溫獲得能量，使大氣中的氮分子解離，並與氧分子反應產生氮氧化物 (NO_x)。

氮氣和氧氣接受來自閃電的能量後形成一氧化氮 (NO)，再和氧結合形成二氧化氮（式 8–3）。

式 8–3

$$N_2 + O_2 \xrightarrow{\text{閃電}} 2NO$$

$$2NO + O_2 \rightarrow 2NO_2$$

二氧化氮 (NO_2) 溶於雨水形成硝酸根離子 (NO_3^-)，隨雨水降到地表，這時候植物就能吸收（式 8–4）。

式 8–4

$$2NO_2 + H_2O \rightarrow HNO_3 + HNO_2$$

$$HNO_3 \rightarrow H^+ + NO_3^-$$

或者可以人工合成氮的方法，讓植物們吸收足夠的氮。人工合成氨所使用的是哈柏法 (Haber Process)，利用氮氣和氫氣在高溫（約 400～500°C）及高壓（約 200 大氣壓）的條件下加鐵離子 (Fe^{3+}) 作為催化劑，將氮與氫合成為氨 (NH_3)（式 8–5）。

式 8–5

$$3H_2 + N_2 \xrightarrow{\text{高溫、高壓}} 2NH_3$$

接著再合成氮肥，如尿素（式 8–6），施肥至土壤裡供植物吸收。

式 8–6

$$NO_3 + CO_2 \rightarrow H_2NCONH_2$$

氮對生物體來說非常重要，太多也會對環境造成很大的影響。

當汽機車排出的高溫廢氣和空氣中的氮結合成為一氧化氮 (NO)、二氧化氮 (NO_2) 等，這些氮氧化物 (NO_x) 溶於水後會帶來酸雨。其中氮氧化物遇水形成亞硝酸根離子 (NO_2^-) 和硝酸根離子 (NO_3^-)，在強降雨或過量灌溉後，因為土壤多帶負電，所以這些負電離子難以附著於土壤，大部分容易隨著水流移動到地下水中。水中過量的硝酸根離子可能會引發嬰幼兒疾病，如藍嬰症。另一方面，過量的硝酸根離子進入地表水會造成水質優養化 (eutrophication)，使得水體中的藻類大量繁殖，最終導致水生生物因缺氧而大量死亡。

碳循環

碳循環是指碳元素在地球上的生物圈、岩石圈、水圈及氣圈中交換與流轉。碳的儲存庫有四個，分別是大氣、生物圈、海洋及地殼與一部分的地函。

碳在大氣中主要的形式為二氧化碳，大氣中的碳元素進入海水後，有三種途徑可以走，分別是二氧化碳溶解後隨著水體移動的溶解度幫浦、生物造殼（會釋放二氧化碳）時殼體隨重力下降的碳酸鈣幫浦，和需要光合作用固碳形成有機碳顆粒的生物幫浦。

溶解度幫浦 (solubility pump)

二氧化碳進入海裡後，部分溶解形成碳酸 (H_2CO_3)，碳酸又會再解離成氫離子 (H^+) 和碳酸氫根離子 (HCO_3^-)，或解離成氫離子和碳酸根離子 (CO_3^{2-})（式 8–7）。

式 8–7

$$CO_2 + H_2O \rightleftharpoons \boxed{\begin{aligned} &H_2CO_3 \\ &\rightleftharpoons H^+ + HCO_3^- \\ &\rightleftharpoons H^+ + CO_3^{2-} \end{aligned}} \ \text{DIC}$$

這些溶解態的碳離子們（dissolved ionic carbon，簡稱 DIC）隨著海洋溫鹽環流到處旅行，可從表層海水周遊到深海，再從海底慢慢爬升到海表，溶解的二氧化碳也隨之回到大氣中。因此這種幫浦主要受到二氧化碳的溶解量多寡和海洋溫鹽環流影響，當人類大量使用化石燃料，將大量的二氧化碳排放到大氣，使大氣中的二氧化碳濃度上升，在海氣交換過程中進入海水的二氧化碳通量會變多，即使二氧化碳隨著海溫升高釋放回大氣的通量也升高了，但是海水已經開始變得比較偏酸性。對於比較敏感的生物（例如鈣板藻、珊瑚）來說，海洋酸化會是它們的危機。

碳酸鈣幫浦 (carbonate pump)

一些海洋中的浮游生物，像是鈣板藻、有孔蟲等，會製造出碳酸鈣 ($CaCO_3$) 的外殼，它們吸取海水中的鈣離子 (Ca^{2+}) 和碳酸氫根離子，形成碳酸鈣、二氧化碳和水，製造碳酸鈣的過程中會釋放二氧化碳到大氣中（式 8–8）。碳酸鈣幫浦會將碳酸鈣殼體移向深海，甚而埋藏在海下沉積物中（圖 8–5），但是這種幫浦的通量比起溶解度幫浦小得多。

式 8–8

$$Ca^{2+} + 2HCO_3^- \rightleftharpoons CaCO_3 + CO_2 + H_2O$$

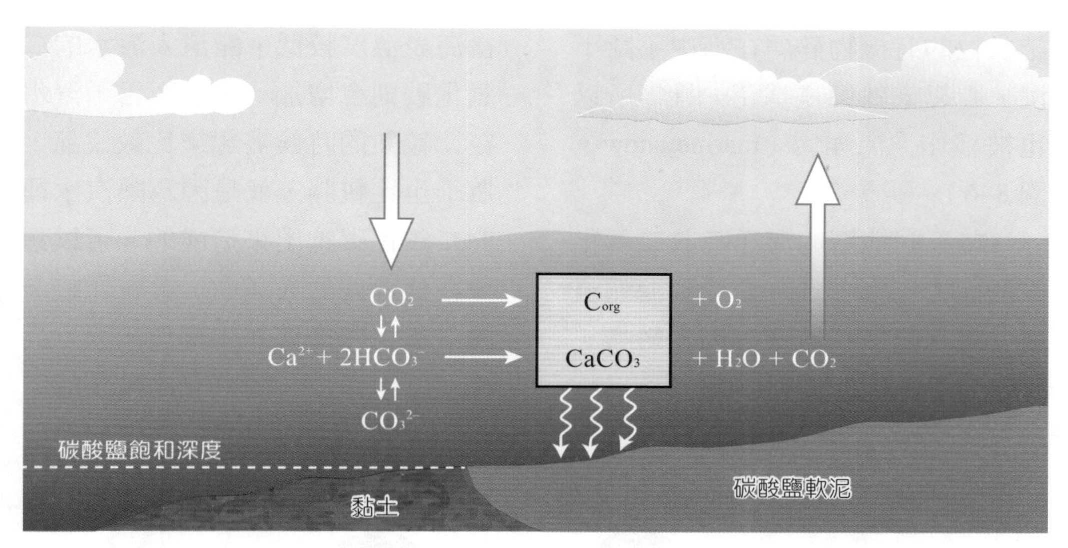

圖 8–5　海水中的有機碳 (C_{org}) 與碳酸鈣顆粒會因重力作用而下沉，形成生物幫浦及碳酸鈣幫浦。顆粒態的有機碳及碳酸鈣均有可能被埋藏在海洋地層中。

生物幫浦 (biological pump)

在海裡的生物們吸收太陽光，和二氧化碳進行光合作用，形成碳水化合物、蛋白質等：

光

$$CO_2 + H_2O \longrightarrow C_6H_{12}O_6 + O_2$$

葉綠素

有些生物會形成碳酸鈣外殼以保護自己。這些碳藉著食物鏈進入其他生物體中，經由生物的排遺或殘骸集結成粒，在下降至海床途中（或在海床表面）被細菌分解，並再次被其他生物利用。細菌分解這些含碳物質時，會釋出部分二氧化碳回到大氣；而這些含碳物質降落至海床表面形成沉積物後，則會將大氣中的碳大幅轉移至岩石圈。集結成粒的有機物碎屑在海中不斷下沉，看起來就像是雪花一樣，所以也被稱作「海洋雪（marine snow，圖 8–6）」。

在不同地區的海洋吸收二氧化碳的能力不太一樣，會受到海氣溫度、海水鹽度和風速等因素影響。這些因素會影響二氧化碳的溶解度，當海表溫度較低，能溶入海水的二氧化碳則會增加。舉例而言，汽水在比較熱的時候喝起來比較沒氣，瓶子也比較胖，就是因為熱汽水裡的二氧化碳跑出來造成的。可以想像在低緯度的大洋中，會有比較多的二氧化碳從海洋中釋放出來；高緯度的大洋中，則會有比較多的二

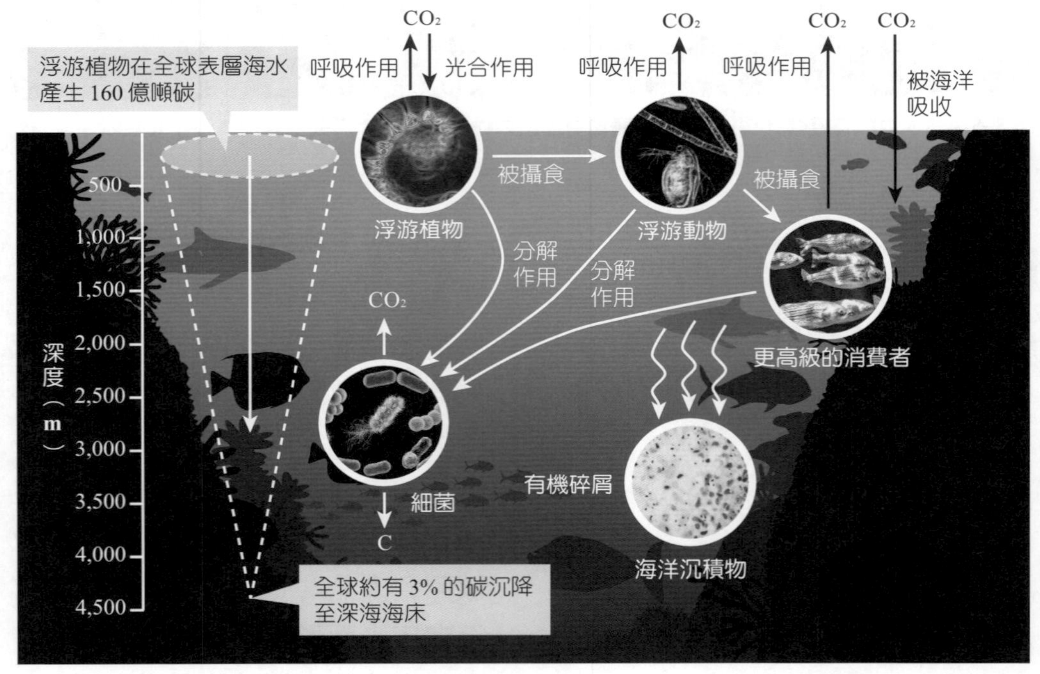

圖 8–6　生物幫浦示意圖

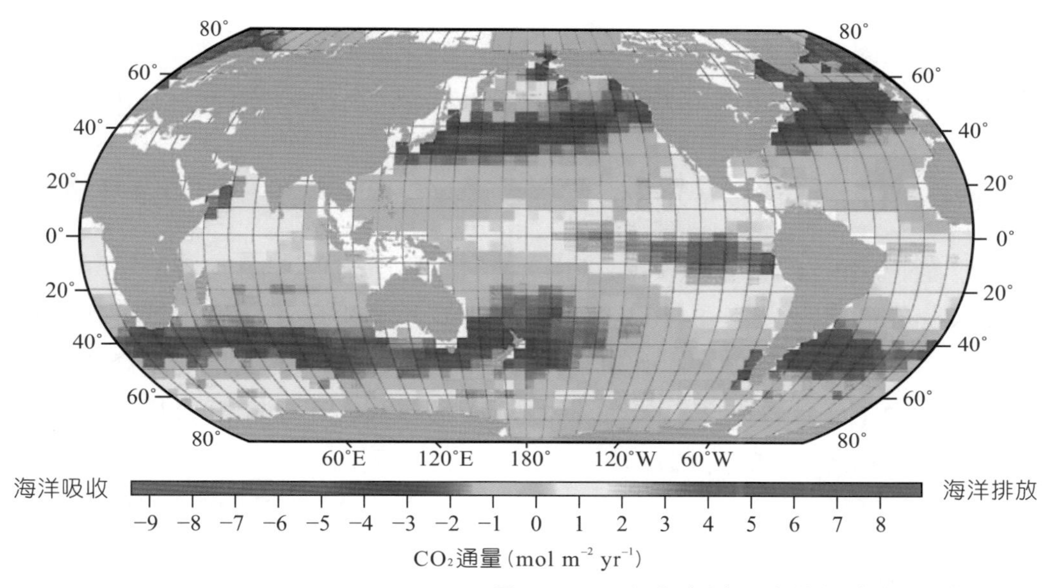

圖 8–7　2007 年全球大氣及海洋的二氧化碳通量分布圖

氧化碳從大氣溶解至海水中。由圖 8–7 可以看出來，東赤道太平洋是主要的海洋吐氣處，高緯區則多為海洋吸氣處。

不只是大氣裡的碳，岩石圈裡的碳也會輸送到海洋裡存放。在岩石圈裡，碳主要以油母質和碳酸鹽類岩石的形式出現。海洋雪這種比較軟的有機物質堆積久了會慢慢形成沉積物質，也就是油母質；碳酸鹽類岩石大多是由生物硬殼組成的沉積岩，像是珊瑚礁岩、石灰岩等。但是地殼岩石主要由矽酸鹽組成，兩種岩石都會受到風化作用。

岩石受到風化時，油母質會與大氣中的氧結合，形成二氧化碳逸散到大氣中。大氣中的二氧化碳結合水會形成酸雨降至地表，碳酸鹽類岩石和矽酸鹽類岩石受到酸雨侵蝕風化，再釋放出離子。碳酸鹽類岩石受到酸雨侵蝕風化的化學反應如下，以石灰岩為代表（式 8–9）：

式 8–9

$$CaCO_3 + H_2CO_3 \rightarrow Ca^{2+} + 2HCO_3^-$$

矽酸鹽類岩石可以鈣矽石 (wallastonite) 為代表（式 8–10）：

式 8–10

$$CaSiO_3 + 2H_2CO_3 \rightarrow Ca^{2+} + 2HCO_3^- + SiO_2 + H_2O$$

這兩種岩石風化都會產生碳酸氫根離子 (HCO_3^-) 及鈣離子 (Ca^{2+})，離子隨著水流慢慢進入海洋，在海洋中被海洋生物吸收，再進入碳酸鈣幫浦。從化學式來看，「碳酸鹽類岩石的風化作用」與「海洋生物作用形成碳酸鈣」，兩者是同一方程式的兩端，走完一個輪迴時對於碳的淨值並沒有改變。

碳酸鹽類風化方程式（式 8–11）與碳酸鈣沉澱方程式（式 8–12）並列如下：

式 8–11

$$CaCO_3 + H_2CO_3 \rightarrow Ca^{2+} + 2HCO_3^-$$

式 8–12

$$Ca^{2+} + 2HCO_3^- \rightarrow CaCO_3 + H_2CO_3$$

另一方面，由於矽酸鹽類岩石本身不含碳原子，風化時要用到兩個碳酸根離子，風化後則產生兩個碳酸氫根離子。碳酸氫根離子隨著水流進入海洋中，會與鈣離子被海洋鈣質生物再度結合成碳酸鈣，進入碳酸鈣幫浦，算起總帳來有利於將碳物質從大氣移送到海底地層中。整理相關方程式如下：

矽酸鹽類風化方程式

$$CaSiO_3 + 2H_2CO_3 \rightarrow Ca^{2+} + 2HCO_3^- + SiO_2 + H_2O$$

碳酸鈣沉澱方程式

$$Ca^{2+} + 2HCO_3^- \rightarrow CaCO_3 + H_2CO_3$$

海洋與大氣交換方程式

$$CO_2 + H_2O \rightarrow H_2CO_3$$

三式相加的淨成果

$$CaSiO_3 + CO_2 \rightarrow CaCO_3 + SiO_2$$

這表明岩石圈的風化作用能降低空氣中的二氧化碳含量，也因此，科學家認為印度和歐亞大陸相撞造成喜馬拉雅山隆起，地殼風化旺盛，或許是過去數千萬年來大氣中二氧化碳濃度下降的主因，而溫室效應也因此遞減，而在 300 多萬年前於北半球高緯度地區形成大片冰原。

碳利用各種途徑從大氣和岩石圈進入海洋，海洋本身也能夠容納許多碳，碳可以碳酸氫根離子狀態存在海水中。如前文所提，海洋本身也有除碳機制。除了海洋中的微生物會分解、吸收碳以外，各種未被分解的碎屑殘渣下降至海床，慢慢堆疊形成沉積物，再形成沉積岩，這時碎屑中的碳也會隨之進入岩石圈。如果海水從大氣中吸收愈多的二氧化碳，酸鹼值就會愈偏酸性，然而海水的酸鹼值和對抗酸化的緩衝能力可藉由溶解石灰岩恢復，這些過程需時數十至數千年不等。當碳在海洋中旅行的路徑比較短，來不及被生物們分解吸收，就比較容易進入岩石圈，因此在淺海或大陸邊緣會是重要的碳埋藏地區。在冰期，大量的水結成冰堆在陸地上，海平面下降，碳埋藏的速率會比間冰期高出許多。

進入岩石圈的碳會有不一樣的命運：

1. 生物殘骸（如矽藻、浮游生物、花粉等）體內的蛋白質、類脂質、碳水化合物等有機碳藉由細菌分解再結合在岩層中，慢慢形成油母質。在岩層中受到溫度影響，油母質慢慢轉化成石油或天然氣等化石燃料（圖 8–8）。
2. 生物生成的硬殼，碳酸鈣部分會集結許多殘渣團塊膠結形成碳酸鹽類岩石，例如石灰岩；若深埋則會受到壓力、溫度作用，變質成大理岩或白雲岩。
3. 進入岩石圈的碳隨著岩石、岩層被板塊運動帶進地球深處，隱沒至地函中，可能會經由火山活動釋放二氧化碳回到大氣；也可能

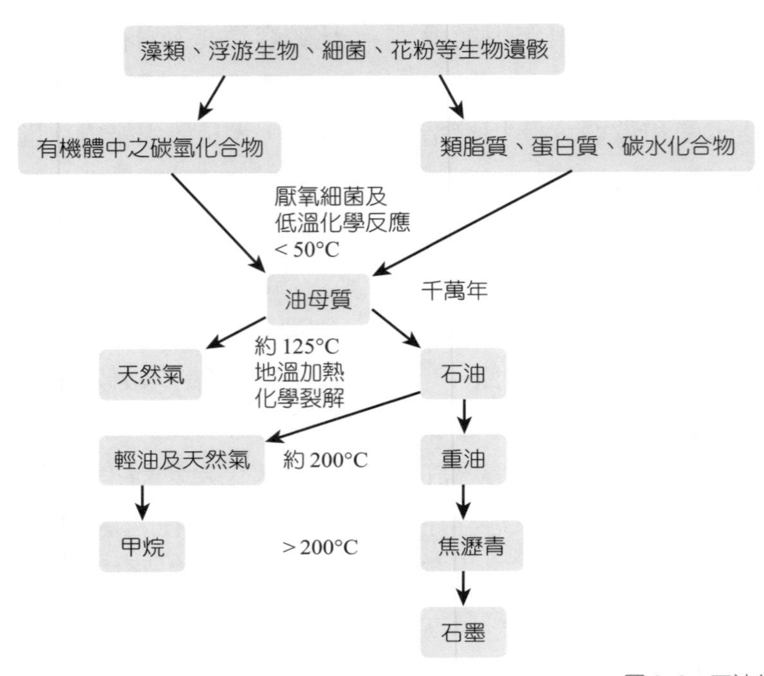

圖 8–8　石油的形成

會出露至海平面上形成陸地，再度受到風化，繼續它的旅程。

碳不斷在各儲存庫間流動，以一年估算，大氣中的碳存量約有 600 億噸碳；淺海約有 700 億噸碳；深海因為受壓力、溫度影響，而且體積很大，能容納的碳量較多，約有 3 萬 8,000 億噸碳；存在地殼儲存庫裡的碳就更多了，有機碳約有 1,500 萬億噸碳，碳酸鈣約有 4,800 萬億噸碳，存在陸地上的有機碳則約有 2,100 億噸碳（圖 8–9）。

人類活動使原本應埋藏於岩層的碳快速地排放至大氣中，不僅影響氣候變化，也會影響海洋環流、海洋物理與化學特性，進而影響海水吸收二氧化碳的程度。在大氣中的二氧化碳濃度快速升高，使較多的二氧化碳進入海洋，也讓海洋的 pH 值下降，造成海洋酸化。海洋酸化會使生物造出來的碳酸鈣殼比較容易溶解，一些造碳酸鈣殼的浮游生物（如鈣板藻和有孔蟲等）也會因此受到影響而無法順利生長，進而牽連海洋中的食物鏈；同樣的情況也會發生在珊瑚身上，影響珊瑚礁生態系。

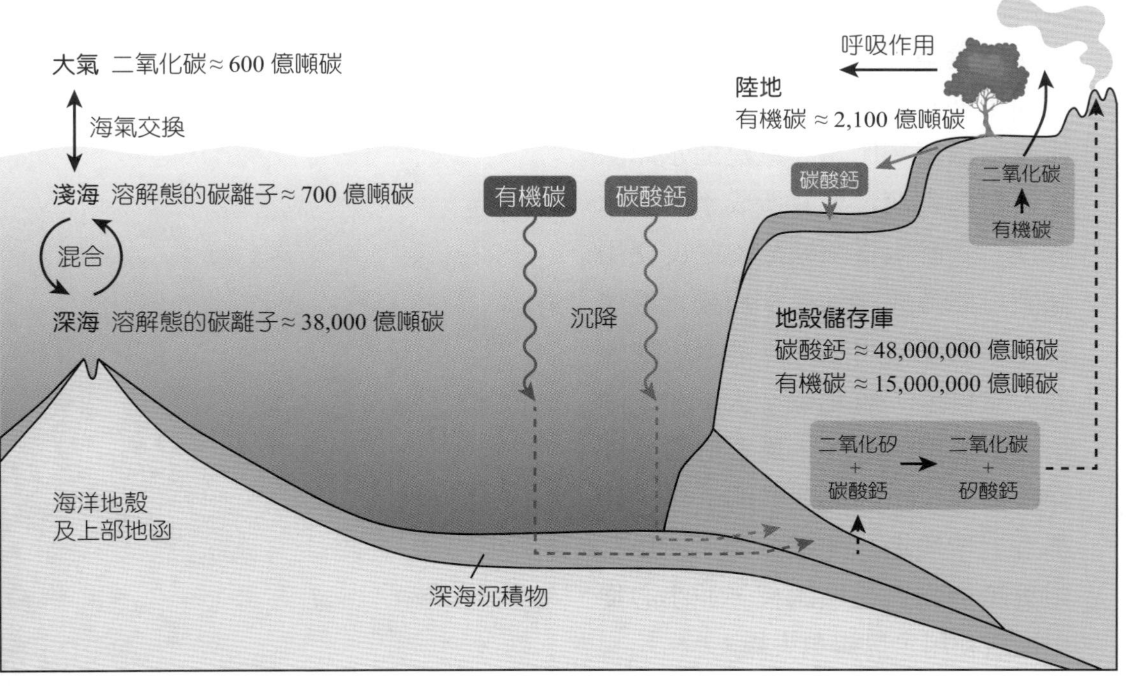

圖 8–9　碳的儲存庫示意圖

結語

地球就像一艘太空船，裡頭承載的資源有限，每一種元素都有固定的含量，必須不斷循環，使搭乘的生物可以藉由獲得資源而發展。我們對於物質的各種旅行過程尚未完全掌握，利用各種資源的同時，也是在干擾物質的旅行途徑與數量，一開始還不太會感受到差異，但大量利用勢必會造成通量不平衡，進而改變環境。比如大量建造水庫阻斷河水進入海洋，會造成上游被水淹沒、下游水資源缺乏；過度使用氮肥可能造成嬰幼兒疾病或水質優養化；大量使用石油天然氣，快速並大量排放二氧化碳至大氣中，除了加劇溫室效應外，還會影響到海洋酸鹼值。正因為我們的一舉一動都會對環境造成連鎖效應，所以必須更瞭解物質循環過程，並小心從中擷取利用，以避免失衡。

我思 × 我想

1 ▶ 全球暖化會對水循環帶來什麼樣的影響？

2 ▶ 如果為了減少饑荒不斷使用人造氮肥，可能會造成什麼樣的影響？

3 ▶ 人類快速並大量排放碳，破壞原有碳循環的平衡，可能會有什麼樣的後果？

參考資料

- Lee R. Kump, James F. Kasting, Robert G. Crane, (2004). Chapter 8 Recycling of the elements: The carbon cycle. *The Earth System* (2nd ed.). Pearson Education Inc.
- Stephanie Flom (2001). Environmental Decision Making, Science, and Technology. Retrieved from http://environ.andrew.cmu.edu/m3/s4/index.shtml.
- 中國地球物理學會。地球的碳循環。
  檢自：http://115.29.6.223/drupal/?q=node/268。
- 王家玲（2014 年 9 月）。碳循環 (Carbon Cycle)。科技部高瞻資源平臺網站。
  檢自：http://highscope.ch.ntu.edu.tw/wordpress/?p=55978。
- 牟中原演講、高英哲撰文（2015 年 6 月）。氮的故事——哈柏法製氨及其影響。CASE 報科學。檢自：http://case.ntu.edu.tw/blog/?p=21678。
- 林佳谷、陳叡瑜（2007 年 11 月）。善待氮氣：哈柏氮肥、氮循環與氮反撲。工業安全衛生月刊，47–56 頁。
  檢自：http://www.isha.org.tw/DataL034/86_221%2047-56.pdf。
- 玩石碎碎念（2016 年 4 月）。給我半艘船的「鐵」，我給你下個冰期？聽聽地球怎麼說。檢自：http://www.geostory.tw/a-half-tank-of-iron-co2-deep-ocean/。
- 游鎮烽、楊懷仁（1989 年 9 月）。碳的地球化學循環。科學月刊，第 237 期。
  檢自：http://lib.cysh.cy.edu.tw/science/content/1989/00090237/0014.htm。
- 黃武良（1999 年 12 月）。石油——大自然孕育千萬年的珍藏。地球科學園地，第 12 期。檢自：http://web.fg.tp.edu.tw/~earth/learn/esf/magazine/991203.htm。
- 維基百科。檢自：https://en.wikipedia.org/wiki/Oceanic_carbon_cycle、https://zh.wikipedia.org/wiki/ 碳循環。
- 魏國彥、許晃雄 (1997)。《全球環境變遷導論》。臺北：臺大出版中心。
  檢自：http://gis.geo.ncu.edu.tw/gis/globalc/CHAP0801.htm。

圖片來源

- 導論首圖：Shutterstock
- 圖 0–1：Sir John Tenniel (from Lewis Carroll's Through the Looking-Glass, 1871)
- 圖 0–2：公共領域（取自維基百科）
- 第 1 章扉頁圖：Shutterstock
- p.18 底圖：Shutterstock
- 圖 1–1（地震前）：公共領域（取自維基百科）
- 圖 1–1（地震後）：邱裕峰（取自維基百科）
- 圖 1–2：公共領域（取自維基百科）
- 圖 1–3：改繪自 Aga Khan Agency
- 圖 1–4：取自 Freepik Design、Pixabay
- 圖 1–5：資料取自人與防災未來中心
- 圖 1–6：高雄市動物保護處
- 圖 1–7：資料取自防減災及氣候變遷調適教育資訊網
- 圖 1–8：公共領域（取自維基百科）
- 圖 1–9：改繪自 U.S. Department of Homeland Security
- 圖 1–10（上）：黃少薇
- 圖 1–10（下左）：Franco Folini（取自維基百科）
- 圖 1–10（下右）：Benjamint444（取自維基百科）
- 圖 1–11：網頁截取自內政部消防署
- 圖 1–13：國家地震工程研究中心
- 第 2 章扉頁圖：Shutterstock
- p.43 底圖：Shutterstock
- 圖 2–1：行政院環境保護署
- 圖 2–2、圖 2–5、圖 2–6、圖 2–7、圖 2–8、圖 2–11、圖 2–12、圖 2–14：資料取自臺灣電力股份有限公司
- 圖 2–9：Shutterstock
- 圖 2–13：取自 Shutterstock
- 第 3 章扉頁圖：Shutterstock
- 圖 3–1、圖3–2：取自 Will Steffen, Wendy Broadgate, Lisa Deutsch, et al. (2015), The Trajectory of the Anthropocene: The Great Acceleration, *The Anthropocene Review*, Vol. 2, Issue 1, p.4, fig. 1 and p.7, fig. 3. Reprinted by Permission of SAGE Publications, Ltd.

- p.73 底圖：Shutterstock
- 圖 3–3：改繪自 World Science Festival 網站
- 圖 3–4：取自Colin N. Waters, et al. (2016), The Anthropocene Is Functionally and Stratigraphically Distinct from the Holocene. *Science,* Vol. 351, Issue 6269, aad2622.
- 圖 3–5：取自WWF. 2018. *Living Planet Report 2018: Aiming Higher*. Grooten, M. and Almond, R.E.A. (Eds). WWF, Gland, Switzerland.
- 圖 3–6：取自Will Steffen, et al. (2015), Planetary Boundaries: Guiding Human Development on a Changing Planet. *Science*, Vol. 347, Issue 6223.
- 圖 3–7：取自 Will Steffen 演講投影片
- 圖 3–8：NASA
- p.82 底圖：Shutterstock
- 圖 3–9、圖 3–10：取自 Global Footprint Network
- 第 4 章扉頁圖：Shutterstock
- 圖 4–1：Shutterstock
- 圖 4–2：Shutterstock
- 圖 4–3：Shutterstock
- pp.94–95 底圖：Shutterstock
- 圖 4–4：取自 NASA/ JPL-Caltech, modified by David Fuchs
- 圖 4–5：Nicholas（取自維基百科）
- 圖 4–6：吳依璇
- 圖4–7:資料取自 Rohde & Muller (2005, Supplementary Material)、Sepkoski, J. (2002) A Compendium of Fossil Marine Animal Genera.（取自維基百科）
- 圖 4–8：公共領域（取自維基百科）
- pp.104–105 底圖：Shutterstock
- 第 5 章扉頁圖：Shutterstock
- pp.110–111 底圖：Shutterstock
- pp.112–113 底圖：Shutterstock
- 圖 5–1：取自 GoogleMap
- 圖 5–2：蔡佩容
- 圖 5–3：巫佳容
- 圖 5–4：吳依璇、巫佳容、呂允中、黃品則、陳彥翎、胡介申、楊婷、楊明哲、海湧工作室

- p.122 底圖：Shutterstock
- 圖 5–5：Shutterstock
- 圖 5–6：William Putman, NASA/Goddard
- 第 6 章扉頁圖：Shutterstock
- 圖 6–1：資料取自 World Bank、International Data Corporation
- 圖 6–2：MONUSCO/ Sylvain Liechti
- 圖 6–3、圖 6–7：Fairphone
- 圖 6–6：Ellen MacArthur Foundation（取自 http://www.ellenmacarthurfoundation.org/，中譯參自循環臺灣基金會）
- 第 7 章扉頁圖：Shutterstock
- pp.144–145 底圖：NASA
- 圖 7–1：資料取自 Gaia Hypothesis 101
- 圖 7–2：資料取自 James E. Lovelock (1991). Geophsiology — The Science of Gaia. Fig. 1.1, p.5. In Schneider, S. H. and Boston, P. J. (eds.) *Scientists on Gaia*, The MIT Press.
- 圖 7–3：NASA
- p.154 底圖：Shutterstock
- 圖 7–5：Lovelock (1992)（取自 http://www.geo.utexas.edu/courses/387H/images/Lovelock.gif）
- p.153 圖：Shutterstock
- 第 8 章扉頁圖：Shutterstock
- 圖 8–2：取自 Depositphotos
- 圖 8–3：取自 Freepik Design
- 圖 8–4：取自 Freepik Design
- 圖 8–4（根瘤）：Scot Nelson
- 圖 8–6：取自 Shutterstock
- 圖 8–7：NOAA
- 圖 8–8：黃武良

國別史叢書

尼泊爾史——雪峰之側的古老王國

這個古老的國度雪峰林立，民風純樸，充滿神祕的色彩。她是佛陀的誕生地，驍勇善戰的廓爾喀士兵的故鄉。輝煌一時的尼泊爾，在內憂外患中沉默，直到2001年爆發的王宮滅門慘案，再度成為國際焦點，真是王儲為情殺人或是另有隱情？尼泊爾又該何去何從？

約旦史——一脈相承的王國

位處於非、亞交通要道上的約旦，先後經歷多個政權更替，近代更成為以色列及阿拉伯地區衝突的前沿地帶。本書將介紹約旦地區的滄桑巨變，並一窺二十世紀初建立的約旦王國，如何在四代國王的帶領下，在混亂的中東情勢中求生存的傳奇經歷。

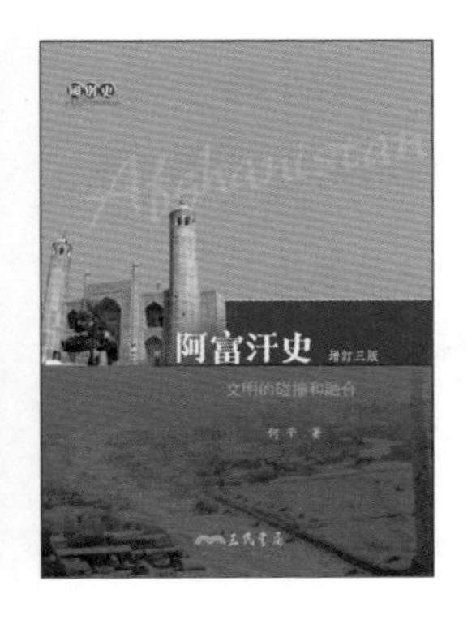

阿富汗史——文明的碰撞和融合

什麼？戰神亞歷山大費盡心力才攻下阿富汗！什麼？英國和蘇聯曾經被阿富汗人打得灰頭土臉！沒錯，這些都是阿富汗的光榮歷史！就讓本書一起帶領你我了解不同於電視新聞的阿富汗。

敘利亞史——以阿和平的關鍵國

敘利亞，有著與其他阿拉伯國家不同的命運。幾千年來，不同的入侵者先後成為這裡的主人，艱苦的環境和無盡的苦難，讓敘利亞人民除了尋求信仰的慰藉外，也發展出堅忍的民族性，使其終於苦盡甘來。

世界進行式

世界進行式叢書，從 108 課綱「議題融入」出發，打造結合「議題導向 × 核心素養」的跨科教學普及讀物。

取材生活中的五大議題「人權」、「多元文化」、「國際關係」、「海洋」、「環境」，邀請多位專家學者，針對每一種議題編寫 8 個高中生「不可不知」的主題。

8個你不可不知的
人權議題

李茂生 主編

本書從兒少、性別、勞動、種族、老人、障礙者、醫療、刑事司法等八個不同的領域，探討人權的意義與問題。期望透過本書，讓讀者明瞭人權不是用條文推砌而成的，而是一種人際關係間的感受，進而讓社會產生良善的效應。

8個你不可不知的
多元文化議題

劉阿榮　主編

文化，就是生活；生活百百種，文化當然也充滿各種可能。本書邀請你參加一場多元文化博覽會，以臺灣原住民族、漢人移民、新移民的故事揭開序幕，再將焦點放在中港澳、歐美、東亞、紐澳地區。你將會發現，各種不同的文化讓世界增添繽紛的色彩，而這些文化的保存與尊重，是所有人類的使命。現在就請帶著開放的心，參與這場文化盛會吧！

8個你不可不知的
國際關係議題

王世宗　主編

國際關係屬於政治課題，而政治是人際關係的一種表現，由此可見，國際關係是人際關係的擴大。那麼「國家」要如何和另一個「國家」進行交流呢？他們怎麼交朋友？彼此看不順眼時，要怎麼打架？打架過程中又要注意些什麼？本書透過 8 個議題，帶你細數近代國際局勢的分與合，呈現出強權之間的縱橫捭闔，小國如何在夾縫中求生存，一同瞭解今日國際關係是如何形成。

8個你不可不知的
海洋議題

吳靖國　主編

所有人類，都是海的子民。海洋是生命的起點，是這個世界占地最廣大的範圍，而陸地上的我們對它的實際認識，還不到十分之一。人類對自身起源的探祕之旅才正啟航。現在，請從書桌起身，走出陸地，參與這趟旅程，透過海洋休閒、海洋社會、海洋文化、海洋科學與技術、海洋資源與永續等各種面向，伸手觸碰這片遼闊豐饒的大海。透過海洋，與世界相連吧！

心靈黑洞 — 意識的奧祕

洪裕宏、高涌泉 主編

意識是什麼？心靈與意識從何而來？

我們真的有自由意志嗎？植物人處於怎樣的意識狀態呢？

動物是否也具有情緒意識？

過去總是由哲學家主導辯論的意識研究，到了 21 世紀，已被科學界承認為嚴格的科學，經由哲學進入科學的領域，成為心理學、腦科學、精神醫學等爭相研究的熱門主題。本書收錄臺大科學教育發展中心「探索基礎科學系列講座」的演說內容，主題圍繞「意識研究」，由 8 位來自不同專業領域的學者帶領讀者們認識這門與生活息息相關的當代顯學。這是一場心靈饗宴，也是一段自我了解的旅程，讓我們一同來探索《心靈黑洞——意識的奧祕》吧！